Zwangläufige Regelung der Verbrennung bei Verbrennungsmaschinen.

Von

Dipl.=Ing. Carl Weidmann

Assistent an der Techn. Hochschule zu Aachen.

Mit 35 Textfiguren und 5 Tafeln.

Berlin.

Verlag von Julius Springer

1905.

ISBN-13: 978-3-642-98149-4   e-ISBN-13: 978-3-642-98960-5
DOI: 10.1007/978-3-642-98960-5

Vorwort.

Bei dem bedeutenden Aufschwung, den in den letzten Jahren der Großgasmaschinenbau genommen hat, bei den großartigen Erfolgen, die auf diesem Gebiete errungen wurden, mag es manchem zwecklos erscheinen, noch an einer grundlegenden Umgestaltung der heutigen Verbrennungsmaschinen zu arbeiten. Es wäre aber zu bedauern, wenn auch die technische Wissenschaft sich durch solche Erfolge von dem Streben abhalten ließe, weiterschauend das Zukünftige zu Gegenwärtigem zu machen und der Technik neue Bahnen zu zeigen, auf denen sie noch größere Erfolge erringen kann.

Es ist eine jahrelange, stille Arbeit gewesen, die in den folgenden Ausführungen niedergelegt ist. Die Gedanken und Entwürfe, die vor und während der Bearbeitung derselben entstanden, mußten sich erst abklären, bevor sie sich in geschlossener Reihe aneinanderfügten, und es war natürlich auch mancher Schritt vergebens, bevor der Weg klar erkannt wurde und weiter verfolgt werden konnte. Doch um so deutlicher wurde er erkannt, und auf diesen Weg, dessen Ziel eine weitere Vervollkommnung der Verbrennungsmaschinen ist, hinzuführen, sowie Mitarbeiter zu werben zur gemeinsamen Verfolgung desselben, soll der Zweck der vorliegenden Arbeit sein.

Würselen bei Aachen, im Mai 1905.

Carl Weidmann.

Inhalt.

Erster Teil.

Kreisprozeß und Arbeitsverfahren der Verbrennungs-maschinen.

Zweiter Teil.

Zwangläufige Regelung der Verbrennung.

Erster Teil.

Kreisprozeß und Arbeitsverfahren der Verbrennungsmaschinen.

Einleitung.

Die Umwandlung der Wärme in mechanische Arbeit, das ist die große Aufgabe, die von den ersten Anfängen der Technik an bis auf die Gegenwart dem schaffenden Ingenieur gestellt ist. Hier, wo es gilt, die schlummernden Naturgewalten zu wecken und in regelbare Kräfte umzugestalten, hier hat die technische Wissenschaft von jeher ihr bestes Können eingesetzt, um Schritt für Schritt einen immer größeren Teil der in der Wärme enthaltenen Energie den Brennstoffen abzuringen und nutzbar zu machen. In den ersten Anfängen der Wärmekraftmaschinen war allerdings zunächst das Ziel, überhaupt eine nutzbare Leistung zu erhalten; aber bei der weiteren Ausbildung der Wissenschaft, bei der immer mehr zunehmenden Vervollkommnung aller technischen Hilfsmittel trat die Frage der Auswertung der Brennstoffe in der Kraftmaschine in den Vordergrund.

Aus dem zur Verfügung stehenden Brennstoff, also in den meisten Fällen aus der Kohle, eine möglichst große Anzahl von Pferdestärken in einer praktisch brauchbaren, betriebsicheren Maschine zu gewinnen, das ist das Ziel, das uns gesteckt ist, das ist die Richtschnur für alle die großen und kleinen Erfindungen, die auf dem Gebiete der Wärmekraftmaschinen gemacht wurden, und eine ungeheuere Geistesarbeit ist gerade auf die Erreichung dieses Zieles verwandt worden. Besonders

an der wissenschaftlichen und konstruktiven Durchbildung der
Dampfmaschine haben eine große Zahl von Gelehrten und praktischen Ingenieuren gearbeitet, so daß dieselbe auf der Höhe
ihrer Entwicklung steht. Eine größere Wärmeausnutzung als
jetzt die beste Verbundmaschine gibt, ist von einer Dampfmaschine nicht mehr zu erwarten.

Diese vorzügliche Durchbildung kommt der Dampfmaschine
bei dem scharfen Wettstreit, der im letzten Jahrzehnt auf dem
Gebiete der Kraftmaschinen entbrannt ist, sehr zustatten.
Während die Dampfmaschine ja lange Zeit hindurch auf diesem
Gebiete alleinherrschend war, ist ihr jetzt eine gefährliche Konkurrenz erwachsen in der Verbrennungsmaschine. Ganz allgemein betrachtet ist ja die Art der Energiegewinnung aus der
Kohle wesentlich einfacher, wenn wir die Kohle in einem Generator vergasen und das Gas in einer Verbrennungsmaschine
zur Wirkung bringen, als wenn wir die in der Kohle enthaltene
Wärme zunächst in gespannten Dampf umwandeln und diesen
in der Dampfmaschine arbeiten lassen. Der äußerst einfache
Generator mit dem Gasreiniger steht hier der wesentlich um-
fangreicheren und teureren Kesselanlage mit den zugehörigen
Speisepumpen, Wasserreiniger, Vorwärmer oder Überhitzer und
Schornstein gegenüber, und es unterliegt keinem Zweifel, daß
auch die Bedienung einer Generatoranlage viel einfacher und
darum billiger ist, als diejenige einer gleichwertigen Kesselanlage. Außerdem ist die Wärmeausnutzung in der Gasmaschine größer als in der Dampfmaschine. Während in der
Dampfmaschine im günstigsten Falle eine Wärmeausnutzung
von rd. 4000 cal pro eff. Pferdekraftstunde zu erreichen ist,
bezogen auf die Dampfwärme, kommt eine gute Verbrennungsmaschine mit 2400 cal pro eff. Pferdekraftstunde aus (nach den
Garantiezahlen der bedeutendsten Gasmotorenfabriken). Auf
Kohle bezogen bleibt das Verhältnis 4000 : 2400 ungefähr dasselbe, da der Wirkungsgrad einer Kesselanlage demjenigen einer
Generatoranlage ungefähr gleich ist.

Und doch ist diese Konkurrenz der Verbrennungsmaschine
noch nicht so stark, daß die Dampfmaschine wesentlich zurückgedrängt worden wäre. Ich spreche hier nicht von den Klein-
anlagen, wo allerdings in jüngster Zeit die Sauggasmotoren
erfolgreich mit den Dampfanlagen konkurrieren, auch nicht von

dem Spezialfalle, der bei Hüttenwerken vorkommt, wo die auszunutzende Energie direkt in Gasform zur Verfügung steht,
sondern bei den vorliegenden Untersuchungen habe ich die
großen Kraftanlagen im Auge, die zur Beleuchtung großer
Städte, zum Betriebe elektrischer Straßen- und Vollbahnen, zur
Kraftversorgung industrieller Werke, zum Betriebe der Pumpmaschinen in den Wasserwerken der Großstädte und auch zuletzt zur Bewegung großer Fluß- und Seeschiffe geschaffen
werden müssen. Auf all diesen Gebieten behauptet die Präzisions-Dampfmaschine immer noch ihren Platz. Hier ist ja nicht
der Brennstoffverbrauch allein maßgebend für die Güte der
Kraftmaschine, sondern dieselbe hat noch so viele andere Bedingungen zu erfüllen, daß unter Umständen eine weniger sparsam arbeitende Maschine einer sparsamer arbeitenden vorzuziehen ist. Vor allem wird verlangt eine große und dauernde
Betriebsicherheit, eine vorzügliche Regulierfähigkeit, eine gute
Anpassungsfähigkeit an kleinere Belastungen, d. h. eine möglichst geringe Zunahme des spezifischen Wärmeverbrauches bei
Abnahme der Belastung, außerdem bei großen Pumpmaschinen
die Regulierfähigkeit auf Leistung durch Veränderung der
Tourenzahl.

Das sind Bedingungen, die der Gasmotor lange nicht in
dem Maße erfüllt wie die Dampfmaschine. Die Bedienung eines
Gasmotors erfordert eine viel größere Aufmerksamkeit seitens
des Maschinisten als diejenige der Dampfmaschine, und jeder,
der Gasmotoren im Betriebe kennen gelernt hat, weiß, daß oft
ein hoher Grad von Intelligenz nötig ist, um sofort die Ursache irgend einer Betriebstörung zu erkennen. Der schon in
das Gebiet der Feinmechanik gehörende elektrische Zündapparat,
bei dem das Abreißen des Funkens genau mit der augenblicklichen Stellung des Ankers übereinstimmen muß und bei dem
der geringste Isolationsfehler die Funkenbildung stört, ist häufig
die Quelle von Betriebsunterbrechungen. Außerdem sind Fehlzündungen der verschiedensten Art, Frühzündungen, Spätzündungen und Versager, die den normalen Gang der Maschine
empfindlich beeinträchtigen, selbst bei den neuesten Gasmaschinen durchaus noch nicht selten geworden.

Auch ist die Regulierfähigkeit des Gasmotors noch nicht
so vollkommen, wie sie bei einer Großkraftmaschine sein sollte.

Wenn es auch durch Anwendung schwerer Schwungräder gelungen ist, den Gasmotor so zu regulieren, daß die Tourenschwankung bei Änderung der Belastung im allgemeinen in den zulässigen Grenzen bleibt, so ist derselbe doch, wie wir später sehen werden, von einer wirklichen Präzisionsregulierung noch weit entfernt, und es ist z. B. das Parallelschalten von Wechselstrommaschinen immer noch mit großen Schwierigkeiten verbunden, die man häufig durch elektrische Bremsung, also durch eine Hilfsvorrichtung, zu umgehen sucht. Eine Veränderung der Tourenzahl ist außerdem beim Gasmotor lange nicht in der einfachen Weise und auch nicht in dem weiten Umfange möglich wie bei der Dampfmaschine.

Vor allem haftet aber der heutigen Verbrennungsmaschine der große Nachteil an, daß der Brennstoffverbrauch pro P.S./Std. bei abnehmender Belastung wesentlich zunimmt, während er bei der Dampfmaschine selbst bei Verminderung der Belastung auf die Hälfte der Normalbelastung nahezu konstant bleibt (vgl. z. B. die Untersuchungen Schröters, Z. d. V. deutsch. Ing. 1902, S. 803 u. 891 sowie 1903, S. 1281, 1405 u. 1488). Wenn also auch der Gasmotor bei höchster Belastung etwas sparsamer arbeitet wie die Dampfmaschine, so wird diese Überlegenheit durch die anderen wesentlichen Nachteile wieder vernichtet und besonders bei Kraftanlagen, die nur kürzere Zeit mit der vollen Belastung laufen, was bei den meisten der Fall ist, ist die Dampfmaschine immer noch vorzuziehen, da dann die Überlegenheit in der Wärmeausnutzung fast ganz verschwindet.

In dem Streite zwischen Dampf und Gas ist in letzter Zeit noch ein Moment zuungunsten der Gasmaschine hinzugekommen, das Erscheinen der Dampfturbinen. Diese geradezu ideale Kraftmaschine bereitet sich in aller Stille zu einem Siegeslauf vor, der ihr sicher beschieden ist. In der kurzen Zeit ihres Bestehens hat sie schon bewiesen, daß sie der Dampfmaschine in bezug auf Dampfverbrauch, also in bezug auf Wärmeausnutzung vollkommen ebenbürtig ist und ihre unübertreffliche Einfachheit berechtigt zu dem Schlusse, daß sie auch der Gasmaschine ein gutes Stück des Bodens, den diese sich auf dem bisher nur vom Dampf beherrschten Gebiete mühsam erobert hat, wieder streitig machen wird.

Und doch wird die Verbrennungsmaschine auch diese Konkurrenz überwinden können, wenn es gelingt, die ihr bisher anhaftenden Nachteile zu beseitigen. Wenn es gelingt, eine Verbrennungsmaschine zu schaffen, die in bezug auf Betriebsicherheit und Regulierfähigkeit der besten Dampfmaschine ebenbürtig ist, wenn es gelingt, dieselbe so zu gestalten, daß der Wärmeverbrauch bei abnehmender Belastung nicht wesentlich zunimmt, und vor allem, wenn es gelingt, den Wärmeverbrauch gegenüber demjenigen der Dampfmaschine bzw. Dampfturbine noch mehr zu verringern, so wird die im großen und ganzen einfachere Kraftanlange mit Verbrennungsmaschinen und Generatoren mit den Dampfanlagen in einen erfolgreicheren Wettbewerb treten können. Allerdings muß damit die Ausbildung des Generators Hand in Hand gehen, da dieser natürlich befähigt sein muß, nicht nur aus Anthracit und Koks, sondern aus jeder Steinkohle ein reines und teerfreies Gas zu erzeugen. Die vollständige Lösung dieser Aufgabe ist jedoch nur noch eine Frage der Zeit und sie ist verschiedenen mit aller Energie hieran arbeitenden Firmen bereits zum größten Teil gelungen. Die Kohle wird zunächst in bekannter Weise verkokt, worauf die Vergasung des Koks durch Luft und Wasserdampf nach dem bekannten Verfahren bewirkt wird. Die bei der Verkokung entstehenden teerhaltigen Gase werden entzündet und mit der Luft und dem Wasserdampf zusammen durch die glühende Koksschicht hindurchgeblasen, wobei die Teerprodukte verbrennen und somit einen Teil der beim Wassergasprozeß zuzuführenden Wärmemengen in den Prozeß einführen. Es ist dies in kurzen Worten das Verfahren, nach dem eine Vergasung der meisten Steinkohlenarten gelungen ist. Hiermit wollen wir uns jedoch vorläufig nicht beschäftigen, sondern nur die Verbrennungsmaschine selbst, die ja immer den Hauptbestandteil einer Kraftanlage bildet, betrachten.

Die Gedanken, die Jahrzehnte hindurch der Befruchtung harrten, wurden nach einigen von anderer Seite unternommenen bescheidenen Versuchen durch das gestaltende Genie Ottos in eine geradezu klassische Form gebracht. Wenn auch Otto, wie durch spätere Nachforschungen festgestellt wurde, nicht der Erste war, der das in der heutigen Gasmaschine immer noch angewandte Arbeitsverfahren aussprach, so ist er doch der Schöpfer der Form, in der heute noch mit nur kleineren Änderungen der Gasmotor gebaut wird. Die Art und Weise, wie Otto die mehr oder minder bekannten Gedanken in die Wirklichkeit umsetzte, ist bahnbrechend gewesen, und das war die großartige Tat des Schöpfers der Gasmotorenindustrie.

Im Laufe der Jahre sind natürlich eine Unzahl Erfindungen und Verbesserungen entstanden, aber prinzipiell ist der heutige Gasmotor noch genau derselbe, wie er auf der Pariser Weltausstellung im Jahre 1878 zum ersten Male an die Öffentlichkeit trat. Auch der im letzten Jahrzehnt in überraschend schneller Weise entstandene Großgasmotor ist im Prinzip weiter nichts als eine vergrößerte Otto-Maschine. Abgesenen von einigen bemerkenswerten Neugestaltungen, die in Deutschland besonders durch die Zweitaktmaschinen von Körting und Oechelhäuser vertreten sind, hat man einfach den Kleinmotor vergrößert und dementsprechend natürlich in den Einzelheiten auch konstruktiv anders gestaltet. Der überraschend schnelle Aufschwung, den der Großgasmotorenbau genommen hat, hat dann bei Theoretikern sowohl wie bei Praktikern den Gedanken großgezogen, daß das im Kleinmotor unübertreffliche Arbeitsverfahren, das Explosions-Viertaktverfahren, auch für Großmotoren das beste und vollkommenste sei, und daß es höchstens noch durch ein gut durchgebildetes Zweitaktverfahren ersetzt, keinesfalls aber übertroffen werden könne. Man bedenkt dabei nicht, daß dieser Aufschwung der Gasmotorenindustrie mehr dem in dieselbe Zeit fallenden schnellen Wachsen der ganzen Maschinenindustrie zu verdanken ist, als der Vollkommenheit der Maschine selbst, denn auch die Dampfmaschinenindustrie ist währenddessen emporgeblüht und gewachsen, und sie ist nicht, wie man hätte annehmen sollen, durch die Großgasmotoren zurückgedrängt worden. Bei Gasmotoren gibt es bis jetzt, von einigen unbedeutenden Versuchen abgesehen, kein anderes Arbeitsverfahren als das Explosionsverfahren, und darum ist es für die allergrößte Zahl derer, die auf diesem Gebiete tätig sind, ohne weiteres selbstverständlich, daß dieses Verfahren nun auch das beste sein muß, und diese Ansicht ist noch allgemeiner geworden, nachdem das Dieselsche Arbeitsverfahren, das bei der Anwendung flüssiger Brennstoffe durchgeführt werden kann, bei gasförmigen Brennstoffen scheiterte.

Hier kann und muß die technische Wissenschaft einsetzen. Ihre Aufgabe ist es, ohne Vorurteil gegen das Bestehende, aber auch ohne übertriebene Wertschätzung desselben, zu prüfen, welches Arbeitsverfahren einer Verbrennungsmaschine am besten geeignet ist, die Bedingungen zu erfüllen, die man an eine derartige Kraftmaschine stellen muß. Jedoch nicht durch hochtheoretische Spekulationen wird sie znm Ziele kommen, sondern nur, wenn sie mit der klaren Erkenntnis der Wärmevorgänge auch die vollkommene Beherrschung der uns zu Gebote stehenden technischen Mittel, der Elemente des Motorenbaues verbindet, wenn sie also im wahren Sinne des Wortes eine technische Wissenschaft bleibt, die dem praktischen Ingenieur nicht nur von weitem den Weg zeigt, auf dem er gehen soll, sondern die mit ihm geht, bis er sein Ziel erreicht hat.

A. Der Kreisprozeß der Verbrennungsmaschinen.

Um zu erkennen, in welcher Weise der Kreisprozeß einer Verbrennungsmaschine geleitet werden muß, damit sie möglichst viel Wärme in Arbeit umwandelt, müssen wir zunächst rein theoretisch diesen Kreisprozeß betrachten, wobei die Grundgesetze und Gleichungen als bekannt vorausgesetzt werden. Wir nehmen an, daß die Arbeitsflüssigkeit aus einem Gas besteht, das während des Prozesses seine chemische Beschaffenheit und damit seine Konstanten nicht ändert und auch die eventuelle Änderung der spezifischen Wärmen bei Änderung der Temperatur, die ja noch lange nicht hinreichend sicher nachgewiesen ist, soll bei den folgenden Untersuchungen außer acht gelassen werden. Ebenso sind natürlich auch die Wärme- und Arbeitsverluste, die bei der praktischen Durchführung des Kreisprozesses unvermeidlich sind, bei dieser Betrachtung der Idealprozesse nicht berücksichtigt.

Bei jedem Kreisprozeß, der im rechtwinkligen Koordinatensystem mit dem Volumen v als Abszisse und der zugehörigen Spannung p als Ordinate nach Fig. 1 durch eine nach der

Grundgleichung $p \cdot v = R \cdot T$ entstehende Spannungskurve dargestellt wird, muß eine bestimmte Wärmemenge Q_1 zugeführt und ein Teil derselben Q_2 wieder abgeführt werden, damit eine positive (in Fig. 1 schraffierte) Fläche, also eine positive Arbeit entsteht. Die erzeugte Diagrammfläche, also die geleistete Arbeit, entspricht der Differenz der beiden Wärmemengen $Q_1 - Q_2$. Wir haben also die ganze Wärmemenge Q_1 aufwenden müssen, um einen Teil derselben $Q_1 - Q_2$ in Form von Arbeit zu gewinnen. Die abgeführte Wärmemenge Q_2 ist für die Umwandlung innerhalb der Verbrennungsmaschine verloren. Sie kann unter Umständen

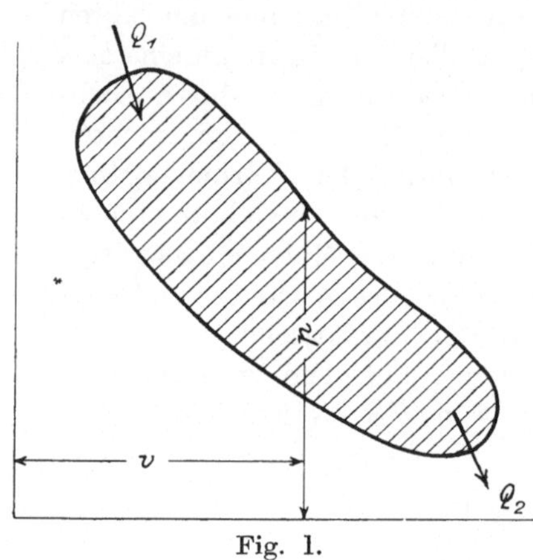

Fig. 1.

in einem anderen Kreisprozeß, in einer Abwärmekraftmaschine (Kaltdampfmaschine) zum Teil noch in Arbeit umgewandelt werden. Jedoch ist dieses teilweise Wiedergewinnen der Abwärme ein umständliches Verfahren, und es ist daher viel wichtiger, den Kreisprozeß der Verbrennungsmaschine so zu wählen und diese Maschine so auszubilden, daß ein möglichst großer Teil der zugeführten Wärmemenge Q_1 in mechanische Arbeit umgewandelt wird.

Der thermische Wirkungsgrad des Kreisprozesses ist gleich dem Verhältnis der in Arbeit umgewandelten Wärmemenge zur zugeführten Wärme, also

$$\eta_t = \frac{Q_1 - Q_2}{Q_1} \quad \ldots \ldots \ldots \quad (1)$$

Die gewonnene Arbeit selbst entspricht der Wärmemenge $Q_1 - Q_2$ nach dem mechanischen Wärmeäquivalent. Dieses ist

$$1 \text{ cal} = 428 \text{ mkg}$$

also ist die gewonnene Arbeit

$$L = (Q_1 - Q_2) . 428 \text{ mkg} \quad \ldots \ldots \quad (2)$$

Bekanntlich wird nun das Maximum von Arbeit mit einem Minimum von Wärme zwischen zwei gegebenen Temperaturgrenzen dann geleistet, wenn der Kreisprozeß begrenzt wird von zwei Adiabaten und zwei Isothermen, Fig. 2 (Carnotscher Kreisprozeß). In diesem Falle geht die Geichung 1 über in

$$\eta_t = \frac{T_1 - T_2}{T_1} \quad (3)$$

Hierin ist T_1 die konstante abs. Temperatur der oberen Isotherme, bei der die Wärmemenge Q_1 zugeführt wird, und T_2 die konstante abs. Temperatur der unteren Isotherme, bei der die Wärme Q_2 abgeführt wird.

Die Gleichung 3 zeigt, daß der thermische Wirkungsgrad um so größer

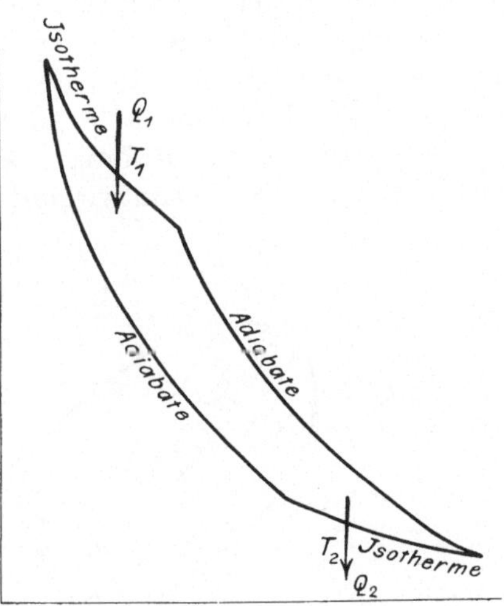

Fig. 2.

wird, je größer die Temperaturdifferenz, das sog. Temperaturgefälle $T_1 - T_2$, ist, und daß derselbe erst in dem unmöglichen Grenzfalle, daß $T_2 = 0$, also $t_2 = -273^{\,0}$ wird, gleich 1 wird.

Wir können nun jeden beliebigen geschlossenen Kreisprozeß, d. h. also einen Prozeß, bei dem die Spannungskurve im Diagramm eine geschlossene Linie bildet, durch eine unendlich große Zahl von Adiabaten in eine unendliche Menge Elementarprozesse zerlegen, von denen jeder als ein Carnotscher Prozeß aufgefaßt werden kann, dessen Isothermen unendlich klein geworden sind (Fig. 3). Der thermische Wirkungsgrad jedes dieser Elementarprozesse ist dann auch $\eta_t = \dfrac{T_1 - T_2}{T_1}$

wenn wir mit T_1 die als konstant anzusehende obere Temperatur des Elementarprozesses bezeichnen, bei der die unendlich kleine Wärmemenge dQ_1 zugeführt wird, mit T_2 die ebenfalls als konstant anzusehende untere Temperatur des Elementarprozesses, bei der die unendlich kleine Wärmemenge dQ_2 abgeführt wird. In dieser Zerlegung des Spannungsdiagrammes durch eine Schar von Adiabaten ist uns ein vorzügliches Mittel gegeben, einen Kreisprozeß zu untersuchen und zu erkennen, welcher Kreisprozeß zwischen den durch die baulichen Mittel bedingten Grenzen den besten thermischen Wirkungsgrad liefert.

Ganz allgemein können wir zunächst aus einfacher Überlegung den Satz aufstellen, daß derjenige Kreisprozeß der günstigste ist, bei dem alle Elementarprozesse bis an diese Grenzen heranreichen. Denn wenn das nicht der Fall ist, so wird der Gesamtwirkungsgrad durch den schlech-

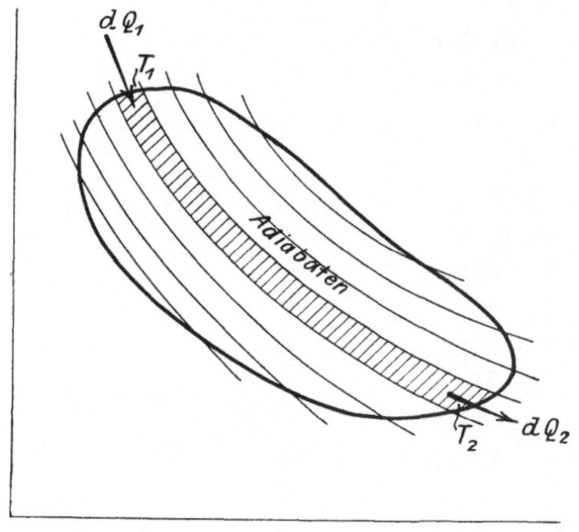

Fig. 3.

teren Wirkungsgrad derjenigen Elementarprosesse, die das zwischen den Grenzen liegende Intervall nicht ganz ausnutzen, verringert.

Welches sind nun die Grenzen, zwischen denen der Kreisprozeß sich abspielen soll? In erster Linie sind dies Spannungsgrenzen. Nach der im Arbeitszylinder auftretenden höchsten Spannung werden das ganze Gestänge, Zylinderwandstärke, Deckelschrauben, kurz und gut fast alle Einzelheiten bestimmt, und es ist jedem Konstrukteur ohne weiteres klar, daß wir die maximale Spannung nicht beliebig hoch nehmen dürfen, besonders da auch das Dichthalten der Kolben und Ventile bei übermäßig hohen Spannungen mit zu großen Schwierigkeiten verbunden ist. Der Kreisprozeß muß also so gewählt werden, daß in keinem Punkte die Spannung über die obere Grenze hinaus wächst. Natürlich darf auch die höchste Temperatur nicht allzugroß werden, da der Wärmeübergang an die Zylinderwandung um so größer wird, je höher die Temperatur der Gase ist. Es lassen sich jedoch hierin die Grenzen nicht so genau fixieren, und die Praxis hat auch bewiesen, daß die Beherrschung der innerhalb der vorgezeichneten Spannungsgrenzen auftretenden höchsten Temperaturen bei den in Betracht kommenden Kreisprozessen keine Schwierigkeiten macht.

Die untere Grenze des Kreisprozesses ist ebenfalls in erster Linie eine Spannungsgrenze und zwar die Atmosphärenspannung. Es ist dies im Wesen der Verbrennungsmaschine begründet, da wir die Arbeitsflüssigkeit, die bei einer Verbrennung Arbeit geleistet hat, immer in die Atmosphäre hinausbringen und eine neue Zylinderfüllung aus der Atmosphäre entnehmen müssen. Der Anfangszustand der in die Maschine eintretenden Füllung ist also, wenn wir von der verhältnismäßig geringen Temperaturerhöhung beim Ansaugen oder Einblasen absehen, durch die Atmosphärenspannung und durch die Temperatur der umgebenden Luft bestimmt. Es würde also eine Verminderung der Spannung unter die Atmosphäre, da das Gewicht der Arbeitsflüssigkeit am Anfang und am Ende des Kreislaufes das gleiche ist, nur dadurch möglich sein, daß die Temperatur derselben unter die Temperatur der umgebenden Luft gebracht würde. Dies ist aber, da die unterste Temperatur des hierzu nötigen Kühlwassers keinesfalls wesentlich tiefer liegt als die Lufttemperatur, nur auf Kosten von Arbeit möglich, und wir erkennen aus dieser Überlegung, daß die Anordnung eines dem Kondensator einer Dampfmaschine ähnlichen Apparates bei einer Verbrennungsmaschine aussichtslos ist. Die unterste Grenze des Diagrammes ist also gegeben durch die Atmosphärenlinie.

Die Gleichung 3 des thermischen Wirkungsgrades der Elementarprozesse wird durchsichtiger und für die Beurteilung der Kreisprozesse geeigneter, wenn wir dieselbe nach dem Vorgange von E. Meyer in „Die Beurteilung der Kreisprozesse" (Z. d. V. deutsch. Ing. 1897, S. 1108) umwandeln. Es ergibt sich nämlich aus derselben in Verbindung mit der Gleichung der Adiabate $p_1 \cdot v_1{}^n = p_2 \cdot v_2{}^n$ die Gleichung

$$\eta_t = \frac{p_1^{\frac{n-1}{n}} - p_2^{\frac{n-1}{n}}}{p_1^{\frac{n-1}{n}}} \quad . \quad . \quad . \quad . \quad . \quad (4)$$

Aus dieser Gleichung erkennen wir, daß der Wirkungsgrad eines Elementarprozesses dann am größten ist, wenn die Wärmemenge dQ_1 bei einer solchen Spannung p_1 zugeführt, die Wärmemenge dQ_2 bei einer solchen Spannung p_2 abgeführt wird, daß das Verhältnis $\frac{p_1}{p_2}$ möglichst groß wird.

Wir müssen also bestrebt sein, die Spannung p_1 möglichst hoch, also gleich der zulässigen Maximalspannung, die Spannung p_2 dagegen möglichst niedrig, also gleich der Atmosphärenspannung zu gestalten. Ferner ergibt sich aus dem auf Seite 10 ausgesprochenen Satz, daß wir möglichst alle Elementarprozesse bis zur höchsten Spannung herauf und bis zur tiefsten Spannung herunter führen müssen, daß wir also alle Elementarprozesse, bei denen dies nicht der Fall ist, aus dem in der Maschine zu erzeugenden Diagramm ausschalten.

Wenn wir also ganz allgemein einen durch irgend eine Spannungskurve begrenzten Kreisprozeß annehmen (Fig. 4), so

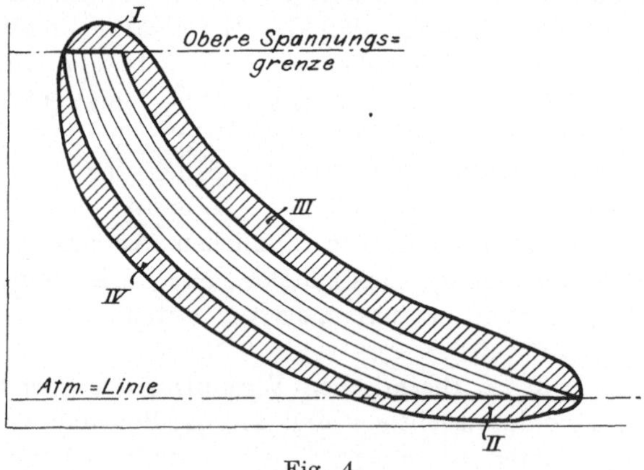

Fig. 4.

ist es zunächst selbstverständlich, daß wir die über der oberen Spannungsgrenze und die unter der unteren Spannungsgrenze, der Atmosphärenlinie, liegenden Flächen, die Flächen I und II aus dem Diagramm ausschalten müssen. Ferner wird der Gesamtwirkungsgrad besser, wenn wir die Flächen III und IV, bei denen die Elementarprozesse nicht mehr bis an die obere bzw. untere Spannungsgrenze heranreichen, und die daher einen schlechteren thermischen Wirkungsgrad geben als die in der Mitte liegenden Elementarprozesse, ebenfalls ausschalten. Es fallen also von der ganzen Fläche die schräg schraffierten Flächen I, II, III und IV weg, und es bleibt als die den besten thermischen Wirkungsgrad zwischen den zulässigen Grenzen gebende Fläche des Diagrammes diejenige Fläche übrig, die von zwei Adiabaten und der oberen und unteren Grenzspannungslinie begrenzt wird.

Wir erkennen also hier, daß zwischen den durch die baulichen Mittel bedingten Grenzen derjenige Kreisprozeß den besten thermischen Wirkungsgrad gibt, der aus adiabatischer Kompression, Wärmezuführung bei konstanter Höchstspannung, adiabatischer Expansion und Wärmeabführung bei konstanter Atmosphärenspannung gebildet wird.

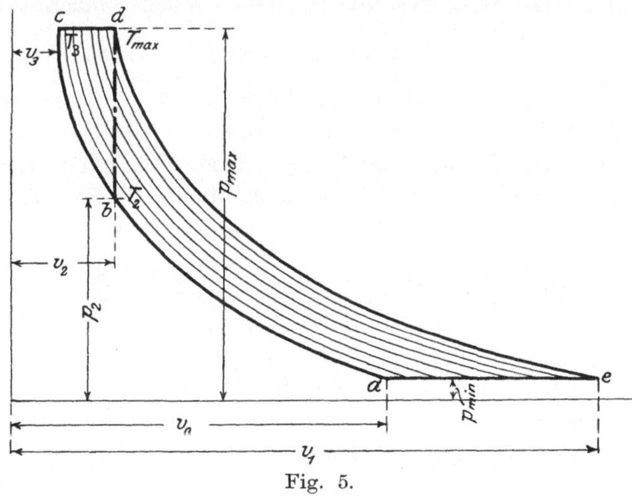

Fig. 5.

Um dies noch deutlicher zu erkennen und vor allem um die beiden für eine Verbrennungsmaschine in Betracht kommenden Arten der Wärmezuführung, diejenige bei konstantem

Volumen (Explosion) und diejenige bei konstanter Spannung (langsame Verbrennung) miteinander vergleichen zu können, legen wir die beiden Normaldiagramme aufeinander (Fig. 5). Wenn wir dasselbe Anfangsvolumen v_0, dasselbe Endvolumen v_1 und dieselbe Mindestspannung p_{min} zugrunde legen, so fallen die Wärmeabführungslinie $a\,e$, die Kompressionsadiabate $a\,b$, bzw. $a\,c$ und die Expansionsadiabate $d\,e$ zusammen, Wir müssen nun bei dem Explosionsdiagramm, um die Höchstspannung p_{max} zu erreichen und auch um dieselbe nicht zu überschreiten, die Kompression im Punkte b aufhören lassen und nun durch plötzliche Wärmezuführung bewirken, daß die Spannung bei dem konstanten Volumen v_2 nach der Linie $b\,d$ steigt. Im Punkte d ist mit der Maximalspannung auch die Maximaltemperatur T_{max} erreicht und diese ist beim Explosionsdiagramm ebenso groß wie die auch beim Gleichdruckdiagramm (abgekürzt für Diagramm bei langsamer Verbrennung) im Punkte d auftretende Maximaltemperatur. Im Explosionsdiagramm wächst die Temperatur von b nach d nach der Gleichung $\dfrac{T_2}{T_{max}} = \dfrac{p_2}{p_{max}}$ im Gleichdruckdiagramm wächst sie von c nach d nach der Gleichung $\dfrac{T_3}{T_{max}} = \dfrac{v_3}{v_2}$; die Temperatur erreicht also in beiden Fällen im Punkte d ihren Höchstwert. Dieser Höchstwert T_{max} ist nun in beiden Fällen gleich groß, da bei demselben Anfangszustand bzw. Endzustand der Arbeitsflüssigkeit und gleichem Exponenten n dem Volumen v_2 und der Spannung p_{max} ein und dieselbe Temperatur T_{max} entspricht.

Wenn wir nun die Diagramme durch eine Schar von Adiabaten in Elementarprozesse zerlegen, so erkennen wir sofort, daß der thermische Wirkungsgrad des Explosionsdiagrammes kleiner sein muß als derjenige des Gleichdruckdiagrammes, weil in ersterem der thermische Wirkungsgrad der Elementarprozesse von der Expansionsadiabate zur Kompressionsadiabate hin von dem Höchstwert

$$\eta_t = \frac{p_{max}^{\frac{n-1}{n}} - p_{min}^{\frac{n-1}{n}}}{p_{max}^{\frac{n-1}{n}}}$$

bis auf den wesentlich geringeren Wert

$$\eta_t = \frac{p_2^{\frac{n-1}{n}} - p_{min}^{\frac{n-1}{n}}}{p_2^{\frac{n-1}{n}}}$$

gleichmäßig abnimmt, während in letzterem derselbe in allen Elementarprozessen den Höchstwert hat, nämlich

$$\eta_t = \frac{p_{max}^{\frac{n-1}{n}} - p_{min}^{\frac{n-1}{n}}}{p_{max}^{\frac{n-1}{n}}} .$$

Es ist nun aus Gründen, die wir weiter unten noch erörtern werden, vorteilhaft, die unterste Spitze des Diagrammes abzuschneiden, ebenso wie es bei Dampfmaschinendiagrammen

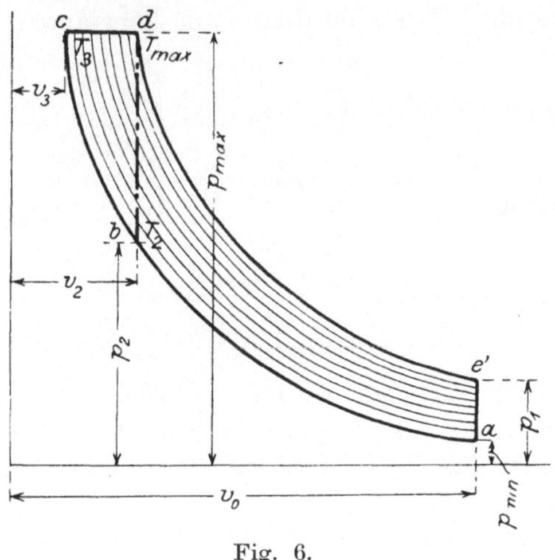

Fig. 6.

geschieht. Die Wärmeabführung erfolgt dann bei konstantem Volumen, und zwar ist dies ebenso beim Explosionsdiagramm wie beim Gleichdruckdiagramm von Vorteil, trotzdem bei beiden Kreisprozessen hierdurch der thermische Wirkungsgrad etwas verkleinert wird. Die Wärmeabführung erfolgt dann nach der Linie $e'a$ (Fig. 6). Bei der Zerlegung in Elementarprozesse erkennen wir auch hier wieder, daß der thermische

Wirkungsgrad des Explosionsdiagrammes kleiner sein muß als derjenige des Gleichdruckdiagrammes. Im Explosionsdiagramm bleibt in diesem Falle der thermische Wirkungsgrad der Elementarprozesse konstant und zwar

$$\eta_t = \frac{p_{max}^{\frac{n-1}{n}} - p_1^{\frac{n-1}{n}}}{p_{max}^{\frac{n-1}{n}}} = \frac{p_2^{\frac{n-1}{n}} - p_{min}^{\frac{n-1}{n}}}{p_2^{\frac{n-1}{n}}}.$$

Das Verhältnis $\dfrac{p_{max}}{p_1} = \dfrac{p_2}{p_{min}} = \left(\dfrac{v_0}{v_2}\right)^n$ bleibt ja auch für alle zwischenliegenden Werte der Anfangs- und Endspannung jedes Elementarprozesses konstant, da $\dfrac{v_0}{v_2}$ konstant ist. Im Gleichdruckdiagramm nimmt dagegen der Wirkungsgrad der Elementarprozesse von der Expansionsadiabate zur Kompressionsadiabate hin von dem für das Explosionsdiagramm konstanten Wert

$$\eta_t = \frac{p_{max}^{\frac{n-1}{n}} - p_1^{\frac{n-1}{n}}}{p_{max}^{\frac{n-1}{n}}}$$

bis auf den Höchstwert

$$\eta_t = \frac{p_{max}^{\frac{n-1}{n}} - p_{min}^{\frac{n-1}{n}}}{p_{max}^{\frac{n-1}{n}}}$$

zu. Der Gesamtwirkungsgrad wird also durch diese Zunahme gegenüber demjenigen des Explosionsdiagrammes verbessert. Die höchste Temperatur T_{max} ist ebenso wie vorher bei beiden Diagrammen die gleiche.

Es ergibt sich also die wichtige Tatsache, daß bei der **gleichen** Maximalspannung und der **gleichen** Maximaltemperatur das Gleichdruckdiagramm einen **höheren** thermischen Wirkungsgrad gibt wie das Explosionsdiagramm.

Daß das Diagramm mit isothermischer Verbrennung (Verbrennung bei konstanter Temperatur) ebenfalls einen schlechteren thermischen Wirkungsgrad gibt, wie das Gleichdruckdiagramm, wenn es innerhalb der zulässigen Spannungsgrenzen

bleibt, läßt sich ohne weiteres aus den obigen Untersuchungen
erkennen, da bei demselben nur der an der Kompressionsadiabate liegende Elementarprozeß das ganze Spannungsgefälle
ausnutzt. Der Wirkungsgrad desselben ist im Vergleich mit demjenigen des Gleichdruckdiagrammes so gering, daß diese Art
der Wärmezuführung für die Verbrennungsmaschine überhaupt
nicht in Betracht kommt, besonders da sie praktische Vorteile
gegenüber dem Gleichdruckverfahren nicht bietet, wohl aber
eine Menge Nachteile.

B. Untersuchung der Idealdiagramme.

1. Wärmetechnische Untersuchungen.

Um die Größe des Unterschiedes zwischen den thermischen
Wirkungsgraden der beiden Arten der Wärmezuführung, der
Verbrennung bei konstantem Volumen und derjenigen bei konstanter Spannung, zu erkennen, müssen wir die Idealdiagramme
miteinander vergleichen, wobei wir als Arbeitsflüssigkeit reine
Luft annehmen. Unter Idealdiagramm ist hier dasjenige theoretische Diagramm verstanden, das von zwei Adiabaten und der
Wärmezuführungs- bzw. Wärmeabführungslinie begrenzt zwischen den angenommenen Grenzen, der Mindest- und Höchstspannung und der Mindest- und Höchsttemperatur den idealen
Arbeitsprozeß darstellt. Es kommt also dabei gar nicht in Betracht, ob z. B. die Wärmeentwicklung durch Verbrennung von
Leuchtgas oder Kraftgas, von Benzin odor Petroleum entsteht:
das Diagramm bezieht sich also nicht auf eine bestimmte
Maschine, sondern es zeigt ganz allgemein den idealen Arbeits-
vorgang in einer Verbrennungsmaschine. Es ist dies ja das
beste Mittel, verschiedene Arbeitsverfahren in einwandfreier
Weise miteinander vergleichen zu können, wenn wir von allen
Nebenumständen absehen, die ja bei den zu vergleichenden
Arbeitsverfahren überall in derselben Weise wirken und das
Idealdiagramm in derselben Weise ändern, die also hier, wo es
sich in erster Linie um die Erlangung relativer, nicht absoluter

Werte handelt, ausgeschaltet werden können, ohne daß die Richtigkeit des Vergleiches beeinträchtigt wird.

In allen folgenden Untersuchungen ist 1 at $= 1$ kg/qcm $= 735{,}5$ mm QS angenommen.

Explosions-
Diagramm
bei voller
Belastung. In Tafel I, Fig. 1 ist Diagramm $a\,b\,c\,d\,a$ das Diagramm einer Explosionsmaschine. Angenommen wurde die Spannung $p_a = 1$ at, $p_b = 12$ at, $p_c = 25$ at und die Temperatur $T_a = 300^0$. Der Exponent n wurde zu $n = 1{,}41$ angenommen. Das Hubvolumen v_h wurde 200 mm gemacht und der Kräftemaßstab 1 cm $= 1$ at gewählt. [1])

Zunächst ergab sich das Volumen des Kompressionsraumes aus

$$\left(\frac{v_2}{v_h + v_2}\right)^n = \frac{p_a}{p_b} \ldots \text{zu } v_2 = 41{,}44 \text{ mm,}$$

ferner die Kompressionsendtemperatur aus

$$\frac{T_b}{T_a} = \left(\frac{p_b}{p_a}\right)^{\frac{n-1}{n}} \ldots \text{zu } T_b = 618^0;$$

hiernach die Explosionsendtemperatur aus

$$\frac{T_c}{T_b} = \frac{p_c}{p_b} \ldots \text{zu } T_c = 1287^0.$$

Die Expansionsendspannung ergab sich aus

$$\frac{p_d}{p_c} = \left(\frac{v_2}{v_1}\right)^n = \frac{p_a}{p_b} \ldots \text{zu } p_d = 2{,}08 \text{ at,}$$

und die Expansionsendtemperatur aus

$$\frac{T_d}{T_c} = \left(\frac{v_2}{v_1}\right)^{n-1} = \frac{T_a}{T_b} \ldots \text{zu } T_d = 625^0.$$

Die auf der Linie $b\,c$ zugeführte Wärmemenge Q_1 berechnet sich unter der Annahme, daß der Zylinderinhalt das Gewicht 1 kg habe, aus

$$Q_1 = c_v\,(T_c - T_b).$$

Hierin nehmen wir $c_v = 0{,}1691$, also gleich dem Werte für atmosphärische Luft. Dann ist

$$Q_1 = 113{,}2 \text{ cal.}$$

Die auf der Linie $d\,a$ abgeführte Wärmemenge Q_2 bestimmt sich ebenso aus

$$Q_2 = c_v\,(T_d - T_a) = 55 \text{ cal.}$$

____

[1]) In Tafel I sind die Originaldiagramme auf $^1/_3$ verkleinert.

Der thermische Wirkungsgrad dieses Kreisprozesses ist also

$$\eta_t = \frac{Q_1 - Q_2}{Q_1} = 51,4\,^0/_0.$$

Da bei vorliegendem Explosionsdiagramm, wie wir oben sahen, der thermische Wirkungsgrad der Elementarprozesse konstant ist, also demnach auch gleich demjenigen des ganzen Prozesses, so konnten wir denselben auch bestimmen aus

$$\eta_t = \frac{T_c - T_d}{T_c} = \frac{T_b - T_a}{T_b}.$$

In Tafel I, Fig. 2 ist Diagramm $a\,b\,c\,d\,a$ das Idealdiagramm einer Gleichdruckmaschine. Wir nehmen wieder die Anfangsspannung $p_u = 1$ at und die Anfangstemperatur $T_u = 300^0$. Die während der Verbrennung konstant bleibende Kompressionsendspannung, also die Höchstspannung sei wieder $p_b = p_c = 25$ at, die höchste Temperatur, also die Endtemperatur der Verbrennung sei dieselbe wie beim Explosionsdiagramm, also $T_c = 1287^0$. Der Exponent n sei wieder wie vorher $n = 1,41$ und das Hubvolumen $v_h = 200$ mm. Ebenso wurde der Kräftemaßstab wieder zu 1 cm = 1 at gewählt. Gleichdruckdiagramm bei voller Belastung.

Zunächst bestimmen wir wieder das Volumen des Kompressionsraumes aus

$$\left(\frac{v_2}{v_2 + v_h}\right)^n = \frac{p_a}{p_b} \dots \text{zu } v_a = 22,72 \text{ mm,}$$

ferner die Kompressionsendtemperatur aus

$$\frac{T_b}{T_a} = \left(\frac{p_b}{p_a}\right)^{\frac{n-1}{n}} \dots \text{zu } T_b = 765^0.$$

Das Volumen am Ende der Verbrennung ergibt sich aus

$$\frac{v_3}{v_2} = \frac{T_c}{T_b} \dots \text{zu } v_3 = 38,22 \text{ mm.}$$

Die Expansionsendspannung berechnet sich aus

$$\frac{p_d}{p_c} = \left(\frac{v_3}{v_1}\right)^n \dots \text{wieder zu } p_d = 2,08 \text{ at.}$$

Da die Expansionsendspannung dieselbe ist wie beim Explosionsdiagramm, so ist natürlich auch die Expansionsendtemperatur dieselbe wie vorher, also $T_d = 625^0$.

Die auf der Linie $b\,c$ zugeführte Wärmemenge Q_1 berechnet sich, wieder unter der Annahme, daß der Cylinderinhalt das Gewicht 1 kg habe, aus $Q_1 = c_p\,(T_c - T_b)$. Hierin nehmen wir $c_p = 0{,}2375$, also wieder gleich dem Werte für atmosphärische Luft. Dann ist $Q_1 = 124$ cal.

Die auf der Linie $d\,a$ abgeführte Wärmemenge Q_2 bestimmt sich wieder wie beim Explosionsdiagramm aus

$$Q_2 = c_v\,(T_d - T_a) \ldots \text{zu } Q_2 = 55 \text{ cal.}$$

Der thermische Wirkungsgrad dieses Kreisprozesses ist also

$$\eta_t = \frac{Q_1 - Q_2}{Q_1} = 55{,}6\,^0/_0.$$

Diese Untersuchung bestätigt also das, was wir bereits oben durch die Zerlegung der Diagramme in Elementarprozesse erkannten:

Bei **gleichen** Maximal-Spannungen und bei **gleichen** Maximal-Temperaturen gibt der Arbeitsprozeß einer Gleichdruckmaschine eine um $\dfrac{(55{,}6 - 51{,}4)\,100}{51{,}4} = 8{,}2\,^0/_0$ bessere Wärmeausnutzung als der Arbeitsprozeß der Explosionsmaschine.

Änderung des thermischen Wirkungsgrades bei Änderung der Belastung. Der Wert einer Kraftmaschine ist nun außer von dem thermischen Wirkungsgrad bei voller Belastung noch in erster Linie abhängig von der Anpassungsfähigkeit des Arbeitsprozesses an geringere Belastungen. Wenn die geringere Leistung nur durch eine wesentliche Verschlechterung des thermischen Wirkungsgrades erkauft werden kann, so ist dies ein großer Nachteil des Arbeitsverfahrens, da wohl selten eine Kraftmaschine ständig mit der größten oder der Normalbelastung arbeitet. Wir dürfen daher, wenn wir die beiden Kreisprozesse gegeneinander abwägen, nicht nur die Idealdiagramme bei voller Belastung miteinander vergleichen, sondern müssen auch untersuchen, inwiefern sich der thermische Wirkungsgrad bei Verminderung der Belastung ändert. In einfachster Weise können wir Vergleichsmomente gewinnen, wenn wir die Diagramme, die bei der auf die Hälfte der oben angenommenen reduzierten Wärmezufuhr entstehen, berechnen und aufzeichnen, um deren thermischen Wirkungsgrad feststellen zu können.

Eine Verminderung der Wärmezufuhr, d. h. eine Verminderung der bei jedem Arbeitsspiel in den Zylinder gelangenden Gasmenge kann nun bekanntlich bei Explosionsmaschinen auf zwei verschiedene Arten bewirkt werden. Die erste Methode der Regulierung ist die, daß das Mischungsverhältnis zwischen Gas und Luft geändert wird. Das Volumen und damit auch das Gewicht der in den Arbeitszylinder eingesaugten oder eingeblasenen Arbeitsflüssigkeit (Gasluftgemisch) bleibt bei allen Belastungen konstant, aber die in diesem Volumen enthaltene Gasmenge wird — meistens dadurch, daß das Gasventil später geöffnet wird als das Luftventil — bei kleineren Belastungen geringer. Es bleibt also auch die Kompressionsendspannung und -temperatur konstant, während die Explosionsendspannung und -temperatur geringer wird. Die Kompressionsadiabate bleibt also dieselbe wie bei voller Belastung, während die Expansionsadiabate tiefer liegt.

In Tafel I, Fig. 1 stellt Diagramm $a\,b\,e\,f\,a$ das bei auf die Hälfte verminderter Wärmezufuhr, also bei $\dfrac{Q_1}{2} = 56{,}6$ cal entstehende Diagramm dar, wenn durch Änderung des Mischungsverhältnisses reguliert wird.

Die Explosionsendtemperatur berechnet sich dann aus

$$\frac{Q_1}{2} = 56{,}6 = c_v\,(T_e - T_b) \,.. \text{ zu } T_e = 953^0,$$

die Explosionsendspannung aus

$$\frac{p_e}{p_b} = \frac{T_e}{T_b} \ldots \text{zu } p_e = 18{,}5\,\text{at},$$

die Expansionsendspannung aus

$$\frac{p_f}{p_e} = \frac{p_a}{p_b} \ldots \text{zu } p_f = 1{,}54\,\text{at}$$

und die Expansionsendtemperatur aus

$$\frac{T_f}{T_a} = \frac{p_f}{p_a} \ldots \text{zu } T_f = 462{,}5^0.$$

Der thermische Wirkungsgrad ist wieder

$$\eta_t = \frac{T_e - T_f}{T_e} \ldots \eta_t = 51{,}4\,^0/_0.$$

Er ist also ebenso groß wie bei voller Belastung. Es ergibt sich dies auch ohne weiteres aus der Zerlegung in Elementarprozesse, da der Wirkungsgrad derselben konstant und ebenfalls $\eta_t = 51,4\,^0/_0$ ist, und da einfach nur ein Teil dieser Elementarprozesse, nämlich die obere Hälfte, aus dem Diagramm weggefallen ist.

Zur Kontrolle wurden die beiden Flächen $a\,b\,c\,d\,a$ und $a\,b\,e\,f\,a$ planimetriert. Dieselben müssen sich ja, da die thermischen Wirkungsgrade dieselben sind, verhalten wie $2:1$, wie sich auch beim Ausmessen zeigte.

Die zweite Methode der Regulierung ist die, daß die Füllung des Zylinders geändert wird. Damit das Mischungsverhältnis zwischen Gas und Luft immer konstant bleibt, wird nicht nur die in den Zylinder eintretende Gasmenge verkleinert, sondern auch die Luftmenge. Es wird also einfach durch früheres Abschließen des Einlaßventils oder durch Drosselung beim Einsaugen des Gemisches die Menge und damit das Gewicht derselben verkleinert.

Explosions-
Regulier-
Diagramm
bei
Füllungs-
änderung.

In Tafel I, Fig. 1 stellt das Diagramm $g\,h\,i\,k\,a\,g$ das Idealdiagramm dar, das bei der Wärmezuführung $\dfrac{Q_1}{2} = 56,6\,\text{cal}$ entsteht, wenn mit Änderung der Füllung reguliert wird. Während bei voller Belastung das ganze Hubvolumen v_h die bei jedem Arbeitsspiel in den Kreisprozeß eingetretene Gemischmenge darstellt, wird also die Verminderung der Wärmezufuhr auf $\dfrac{Q_1}{2}$ dadurch erreicht, daß das wirksame Hubvolumen auf $\dfrac{v_h}{2}$ verkleinert wird. Die Kompression beginnt also dann im Punkte g mit $T_g = T_a$.

Die Kompressionsendspannung berechnet sich aus

$$\frac{p_h}{p_a} = \left(\frac{v_2 + \dfrac{v_h}{2}}{v_2}\right)^n \ldots \text{zu } p_h = 5,65\,\text{at,}$$

Die Kompressionsendtemperatur aus

$$\frac{T_h}{T_a} = \left(\frac{p_h}{p_a}\right)^{\frac{n-1}{n}} \ldots \text{zu } T_h = 496\,^0.$$

Da wir das Gewicht der im Arbeitszylinder abgeschlossenen Arbeitsflüssigkeit bei der Berechnung des Diagrammes für volle Belastung zu 1 kg annahmen, müssen wir hier das Gewicht

derselben zu $\dfrac{v_2 + \dfrac{v_h}{2}}{v_1}$ kg annehmen.

Die Explosionsendtemperatur ergibt sich dann aus

$$\frac{Q_1}{2} = 56,6 = c_v \frac{v_2 + \dfrac{v_h}{2}}{v_1} (T_i - T_h) \dots \text{zu } T_i = 1068^0$$

sowie die Explosionsendspannung aus

$$\frac{p_i}{p_h} = \frac{T_i}{T_h} \dots \text{zu } p_i = 12,16 \text{ at.}$$

Die Expansionsendspannung berechnet sich aus

$$\frac{p_k}{p_i} = \left(\frac{v_2}{v_1}\right)^n \dots \text{zu } p_k = 1,012 \text{ at}$$

und die Expansionsendtemperatur aus

$$\frac{T_k}{T_i} = \left(\frac{v_2}{v_1}\right)^{n-1} \dots \text{zu } T_k = 518^0$$

Die Auspufftemperatur T'_a, bei welcher die Spannung $= 1$ at geworden ist, finden wir dann entweder aus

$$\frac{T'_a}{T_k} = \frac{1}{1,012} \quad \text{oder aus} \quad \frac{T'_a}{T_a} = \frac{v_1}{v_2 + \dfrac{v_h}{2}}$$

$$\text{zu } T'_a = 512^0.$$

Die zugeführte Wärmemenge ist

$$Q'_1 = \frac{Q_1}{2} = 56,6 \text{ cal.}$$

Die abgeführte Wärmemenge ist

$$Q_2' = [c_v (T_k - T'_a) + c_p (T'_a - T_a)] \frac{v_2 + \dfrac{v_h}{2}}{v_1},$$

also mit $c_v = 0,1691$, $c_p = 0,2375$ und $T_a = 300^0$ wird

$$Q'_2 = 30,1 \text{ cal.}$$

Der thermische Wirkungsgrad ist daher

$$\eta_t = \frac{Q'_1 - Q'_2}{Q'_1} = 46{,}8\,^0/_0.$$

Durch Planimetrieren ergab sich als Beweis für die Richtigkeit der Berechnungen, daß

$$\frac{\text{Fläche } a\,b\,c\,d\,a}{\text{Fläche } g\,h\,i\,k\,a\,g} = 2 \cdot \frac{51{,}4}{46{,}8}.$$

Wir erkennen also, daß bei der Explosionsmaschine der thermische Wirkungsgrad bei Abnahme der Belastung abnimmt, wenn durch Füllungsänderung reguliert wird, während er konstant bleibt, wenn durch Änderung des Mischungsverhältnisses reguliert wird.

Bei Gleichdruckmaschinen kann die Regulierung nur dadurch bewirkt werden, daß das Verhältnis zwischen Gas und Luft geändert wird. Da bei diesen Maschinen Brennstoff und Luft bis zur Verbrennung getrennt sein müssen und daher für beide ein besonderer Zylinder angeordnet werden muß, so bleibt im allgemeinen die Luftmenge konstant, während die Brennstoffmenge je nach der Belastung geändert wird, indem das wirksame Hubvolumen der Brennstoffpumpe veränderlich gemacht wird. Wenn das Gas oder der flüssige Brennstoff nun erst bei Beginn der Verbrennung in den Arbeitszylinder eintritt, wird die Kompressionsendspannung auch bei geringeren Brennstoffmengen nicht geändert, und wir wollen diesen Fall hier annehmen. Findet dagegen die Kompression gemeinsam statt, so nimmt dieselbe bei Einführung geringerer Gasmengen ab, wodurch der thermische Wirkungsgrad etwas beeinträchtigt wird. Da jedoch die Abnahme der Kompression von der Art des Brennstoffes, d. h. von dem Volumen und dem Heizwert desselben abhängt, können wir diesen Fall erst an Hand eines Ausführungsbeispieles betrachten.

In Tafel I, Fig. 2 stellt Diagramm $a\,b\,e\,f\,a$ das Ideal-Diagramm einer Gleichdruckmaschine dar, das entsteht, wenn die Wärmezuführung auf die Hälfte, also auf $\dfrac{Q_1}{2} = 62$ cal, vermindert wird. Die Kompressionslinie $a\,b$ ist dieselbe geblieben wie vorher, während die Expansionslinie eine andere Lage einnimmt. Die Temperatur T_b ändert sich also auch nicht.

Die Temperatur am Ende der Verbrennung ergibt sich aus

$$\frac{Q_1}{2} = 62 = c_p \left(T_e - T_b \right) \ldots \text{zu } T_e = 1026^0,$$

das Volumen am Ende der Verbrennung aus

$$\frac{v_4}{v_2} = \frac{T_e}{T_b} \ldots \text{zu } v_4 = 30,46 \text{ mm}$$

und die Expansionsendspannung aus

$$\frac{p_f}{p_b} = \left(\frac{v_4}{v_1} \right)^n \ldots \text{zu } p_f = 1,51 \text{ at.}$$

Die Expansionsendtemperatur ergibt sich aus

$$\frac{T_f}{T_e} = \left(\frac{v_4}{v_1} \right)^{n-1} \ldots \text{zu } T_f = 454^0,$$

also ist die auf der Linie $f a$ abgeführte Wärmemenge

$$Q'_2 = c_v \left(T_f - T_a \right) = 26 \text{ cal.}$$

Der thermische Wirkungsgrad ist also, da

$$Q'_1 = 62 \text{ cal,}$$

$$\eta_t = \frac{Q'_1 - Q'_2}{Q'_1} = 58 \; {}^0/_0.$$

Wir erkennen also, daß bei der Gleichdruckmaschine der thermische Wirkungsgrad bei Abnahme der Belastung zunimmt, wenn die Kompressionsendspannung konstant bleibt.

Wir können dies übrigens auch schon aus der Zerlegung des Diagrammes in Elementarprozesse ersehen, da der thermische Wirkungsgrad dieser, wie wir oben sahen, von der Expansionsadiabate zur Kompressionsadiabate hin zunimmt und da bei abnehmender Belastung immer mehr der ungünstiger arbeitenden Elementarprozesse aus dem Diagramm fortfallen. Wenn die Belastung bis zum Leerlauf abnimmt, nähert sich der Gesamtwirkungsgrad immer mehr dem thermischen Wirkungsgrad des an der Kompressionsadiabate liegenden Elementarprozesses. Dieser ist

$$\eta_t = \frac{T_b - T_a}{T_b} = 60,8 \; {}^0/_0.$$

Diese Tendenz des Gleichdruckdiagrammes, bei abnehmender Belastung günstiger zu werden, ist ein wesentliches Moment, das bei einem Vergleich der beiden Arbeitsverfahren zugunsten des Gleichdruckverfahrens spricht.

Es erübrigt noch, zwei Fälle zu untersuchen, die bei einer Explosionsmaschine vorkommen können.

Zunächst ist dies die sogenannte „schleichende Verbrennung", die dann entsteht, wenn die Zündung zu spät erfolgt und aus irgend einem Grunde zu langsam fortschreitet. Der Druck steigt dann nicht bis auf die berechnete Explosionsendspannung, sondern verläuft nach einer der Verbrennungslinie eines Gleichdruckdiagrammes ähnlichen Linie ($a\,b$ in Fig. 7).

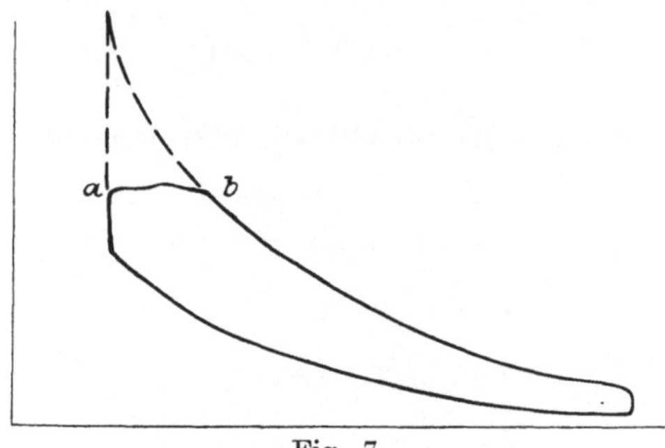

Fig. 7.

Explosions-Diagramm bei schleichender Verbrennung. In Tafel I, Fig. 1 stellt das Diagramm $a\,b\,l\,m\,o\,a$ ein Diagramm der Explosionsmaschine dar, das entsteht, wenn dieselbe Wärmemenge wie vorher, $Q_1 = 113{,}2$ cal, zugeführt wird, die Verbrennung jedoch nicht plötzlich sondern schleichend erfolgt.

Wir nehmen an, daß die Spannung zunächst durch die Verbrennung auf $p_l = 14$ at steigt, und daß darauf, also vom Punkte l an, dieselbe bei konstanter Spannung stattfindet; die Kompressionsadiabate $a\,b$ sowie die Kompressionsendtemperatur T_b bleibt dieselbe wie vorher.

Die Temperatur im Punkte l ergibt sich aus

$$\frac{T_l}{T_b} = \frac{p_l}{p_b} \ldots \text{zu } T_l = 721^{\,0}.$$

Die von b nach l zugeführte Wärmemenge ist

$$Q''_1 = c_v\,(T_l - T_b) = 17{,}4 \text{ cal,}$$

die von l nach m zugeführte Wärmemenge ist demnach

$$Q'''_1 = Q_1 - Q''_1 = 113{,}2 - 17{,}4 = 95{,}8 \text{ cal.}$$

Die Temperatur im Punkte m ergibt sich dann aus

$$Q'''_1 = c_p \, (T_m - T_l) \ldots \text{zu } T_m = 1124\,^0,$$

sowie das Volumen im Punkte m aus

$$\frac{v_3}{v_2} = \frac{T_m}{T_l} \ldots \text{zu } v_3 = 64{,}6 \text{ mm.}$$

Die Expansionsendtemperatur ist dann

$$\frac{T_o}{T_m} = \left(\frac{v_3}{v_1}\right)^{0,41} \ldots T_o = 655\,^0,$$

und die auf der Linie $o\,a$ abgeführte Wärmemenge

$$Q''_2 = c_v \, (T_o - T_a) = 60 \text{ cal.}$$

Der thermische Wirkungsgrad ist also dann

$$\eta_t = \frac{Q_1 - Q''_2}{Q_1} = 47\,^0/_0.$$

Wir erkennen also, daß bei der hier angenommenen Art der Verbrennung, einer Art, wie sie häufig vorkommt, der thermische Wirkungsgrad schon um $\dfrac{51{,}4 - 47}{51{,}4} \cdot 100 = 8{,}5\,^0/_0$ abnimmt. Wenn die Verbrennung noch schleichender erfolgt, wenn z. B. eine Spannungszunahme durch dieselbe überhaupt nicht mehr stattfindet, so ist die Abnahme des thermischen Wirkungsgrades natürlich noch wesentlich größer.

Vergleichen wir das Gleichdruckdiagramm mit dem Explosionsdiagramm bei schleichender Verbrennung, so sehen wir, daß in diesem Falle das Gleichdruckdiagramm einen um $\dfrac{55{,}6 - 47}{47} \cdot 100 = 18\,^0/_0$ besseren thermischen Wirkungsgrad gibt als das Explosionsdiagramm.

Der zweite Fall, den wir noch betrachten müssen, ist die sogenannte „Frühzündung". Eine exakte Berechnung ist hierbei allerdings nicht möglich, da die Zufälligkeiten, die eine Frühzündung veranlassen und deren Verlauf beeinflussen, zu verschiedenartig sind. Es kommt auch hier nur darauf an, daß wir uns ein Bild davon machen, wie ungefähr die Spannungskurve verläuft und wie hoch die Spannung im Zylinder steigen kann, wenn die Zündung des Gemisches zu früh erfolgt.

In Tafel I, Fig. 1 stellt die Kurve $a\,q\,r\,s$ eine Spannungskurve dar, wie sie infolge einer Frühzündung entstehen kann. Wir nehmen hier an, daß die Zündung in der Mitte des Kompressionshubes erfolgt, also nachdem die Kompression bis zum Punkte q, also bis zur Spannung $p_q = 2,13$ at stattgefunden hat. Die Temperatur im Punkte q ergibt sich dann aus

$$\frac{T_q}{T_a} = \left(\frac{v_1}{v_2 + \dfrac{v_h}{2}}\right)^{0,41} \ldots \text{zu } T_q = 373{,}5\,^0.$$

Auf der Linie qr ist nun die Wärmemenge $Q_1 = 113{,}2$ cal zugeführt worden.

Die Temperatur im Punkte r folgt daher aus

$$Q_1 = c_v\,(T_r - T_q) \ldots \text{zu } T_r = 1043\,^0.$$

Die Spannung im Punkte r ergibt sich aus

$$\frac{p_r}{p_q} = \frac{T_r}{T_q} \ldots \text{zu } p_r = 5{,}93 \text{ at.}$$

Die Maximalspannung im Punkte s, die durch die weiter erfolgende Kompression erreicht wird, folgt dann aus

$$\frac{p_s}{p_r} = \left(\frac{v_2 + \dfrac{v_h}{2}}{v_2}\right)^{1,41} \ldots \text{zu } p_s = 33{,}5 \text{ at.}$$

Die Maximalspannung ist also schon bei der hier angenommenen Frühzündung von 25 at auf 33,5 at gestiegen. Bei einer noch früher erfolgenden Frühzündung oder bei einer größeren zugeführten Wärmemenge, wie sie zur Ausgleichung der Verluste und zur Erreichung größerer mittlerer Drucke angenommen werden muß, steigt natürlich die Maximalspannung noch wesentlich höher und sie kann daher leicht eine Höhe erreichen, die einen Bruch irgend eines Teiles der Maschine zur Folge hat. Doch selbst, wenn dies nicht geschieht, kann von einer richtigen Arbeitsleistung keine Rede mehr sein, sodaß also auf jeden Fall der normale Gang der Maschine durch jede Frühzündung empfindlich beeinträchtigt wird.

2. Maschinentechnische Untersuchungen.

Es ist nun nicht ohne weiteres dasjenige Diagramm für die Durchführung in einer Verbrennungsmaschine das günstigste, das den besten thermischen Wirkungsgrad gibt. Es kommt nämlich nicht allein darauf an, ob es in wärmetechnischer Beziehung günstig ist, sondern auch ob es in maschinentechnischer Beziehung nicht zu große Nachteile hat, d. h. ob es einen genügend großen mittleren Druck gibt und ob nicht der Unterschied zwischen dem mittleren Druck und dem Höchstdruck zu groß ist. Nach dem mittleren Druck werden die Abmessungen des Zylinders, Durchmesser und Hub bestimmt, nach dem Höchstdruck die Abmessungen des Gestänges und der Lager, und da nun der mechanische Wirkungsgrad um so schlechter wird, je größer bei derselben indizierten Leistung die Abmessungen der Lager, Durchmesser der Welle und der Zapfen sind, so ist ohne weiteres klar, daß in maschinentechnischer Beziehung von zwei Diagrammen dasjenige das günstigere ist, das bei demselben Höchstdruck einen höheren mittleren Druck gibt.

Wir müssen also auch in dieser Beziehung die beiden Diagramme, das Explosionsdiagramm und das Gleichdruckdiagramm, miteinander vergleichen.

Zu diesem Zwecke wurden die Normaldiagramme $a\,b\,c\,d\,a$ auf Tafel I, Fig. 1 und Fig. 2 planimetriert und der mittlere Druck bestimmt. Es ergab sich:

Explosionsdiagramm $a\,b\,c\,d\,a$ auf Tafel I, Fig. 1,

$$\text{Fläche} = 6700 \text{ qmm},$$

$$\text{mittlerer Druck} = \frac{6700}{200} = 3{,}35 \text{ at.}$$

Gleichdruckdiagramm $a\,b\,c\,d\,a$ auf Tafel I, Fig. 2,

$$\text{Fläche} = 7600 \text{ qmm},$$

$$\text{mittlerer Druck} = \frac{7600}{200} = 3{,}8 \text{ at.}$$

Wir erkennen also, daß bei **gleichen** Maximalspannungen und bei **gleichen** Maximaltemperaturen das

Gleichdruckdiagramm einen um $\dfrac{3,8 - 3,35}{3,35} \cdot 100 = 13\,{}^{0}/_{0}$ höheren mittleren Druck gibt als das Explosionsdiagramm.

Der mittlere Druck dieser beiden Diagramme ist jedoch noch etwas gering, da bei demselben die Zylinderabmessungen zu groß würden. Wir müssen deshalb bestrebt sein, denselben noch zu erhöhen und zwar bis auf den bei Verbrennungsmaschinen üblichen und auch vollkommen ausreichenden mittleren Druck von 5 at.

Eine Erhöhung des mittleren Druckes beim Explosionsdiagramm ist nun nur dadurch möglich, daß die Explosionsendspannung erhöht und damit die Expansionsadiabate in eine höhere Lage gebracht wird, vorausgesetzt, daß die Kompressionsendspannung und damit der thermische Wirkungsgrad nicht geändert werden soll. Da bei dem betrachteten Explosionsdiagramm der thermische Wirkungsgrad der Elementarprozesse konstant ist, bleibt ja, wenn die Kompressionsadiabate dieselbe bleibt, auch der Gesamtwirkungsgrad konstant, so sehr auch durch Erhöhung des Explosionsenddruckes die Expansionsadiabate verschoben wird. In vorliegendem Falle bleibt er also immer

$$\eta_t = 51,4\,{}^{0}/_{0}.$$

Die Erhöhung des mittleren Druckes beim Gleichdruckdiagramm wird ebenfalls bewirkt durch eine Verlängerung der Verbrennungslinie und eine dementsprechende Verschiebung der Expansionsadiabate. Hierbei bleibt die Maximalspannung natürlich ungeändert gleich der Kompressionsendspannung; da jedoch der thermische Wirkungsgrad der Elementarprozesse von der Kompressionsadiabate zur Expansionsadiabate hin abnimmt, so muß natürlich auch der Gesamtwirkungsgrad abnehmen, wenn, um den mittleren Druck zu erhöhen, noch mehr der immer ungünstiger arbeitenden Elementarprozesse dem Diagramm zugefügt werden. Es könnte deshalb möglich sein, daß bei einem für eine Verbrennungsmaschine erforderlichen mittleren Druck, also bei dem Druck von 5 at, der Vorrang, den bei gleichen Maximalspannungen und gleichen Maximaltemperaturen das Gleichdruckdiagramm vor dem Explosionsdiagramm hat, verschwindet.

Um dies zu untersuchen, wurden beide Diagramme durch Verschieben der Expansionslinie so vergrößert, daß sie einen mittleren Druck von rund 5 at geben.

In Tafel I, Fig. 1 stellt Diagramm *a b t u a* dieses vergrößerte Explosionsdiagramm dar Die Fläche hat einen Inhalt von rd. 10000 qmm, also ist der mittlere Druck $\dfrac{10000}{200} = 5$ at.

Die Maximalspannung berechnete sich zu

$$p_t = 31,5 \text{ at},$$

die Maximaltemperatur zu

$$T_t = 1620^0.$$

Der thermische Wirkungsgrad ist

$$\eta_t = 51,4\,^0/_0.$$

In Tafel I, Fig. 2 stellt Diagramm *a b g h a* das vergrößerte Gleichdruckdiagramm dar. Die Fläche hat wieder einen Inhalt von rd. 10000 qmm, also ist der mittlere Druck $\dfrac{10000}{200} = 5$ at.

Die Maximalspannung ist

$$p_b = 25 \text{ at}.$$

Die Maximaltemperatur berechnet sich zu

$$T_g = 1500^0,$$

der thermische Wirkungsgrad zu

$$\eta_t = 54\,^0/_0.$$

Der thermische Wirkungsgrad des Gleichdruckdiagrammes ist also selbst bei einem mittleren Druck von 5 at immer noch höher als beim Explosionsdiagramm. Es könnte also auch weiter eine wesentliche Erhöhung des mittleren Druckes bewirkt werden, bevor die Wirkungsgrade der Diagramme gleich werden. Wir erkennen also, daß bei den für eine Verbrennungsmaschine in Betracht kommenden mittleren Drucken das Gleichdruckdiagramm einen besseren thermischen Wirkungsgrad ermöglicht als das Explosionsdiagramm.

Ein großer Vorzug ist es auch, daß die Maximalspannung und die Maximaltemperatur wesentlich niedriger sind als beim Explosionsdiagramm. Der Unterschied zwischen Höchstdruck und mittlerem Druck ist also nicht so groß wie bei diesem,

32   B. Untersuchung der Idealdiagramme.

und damit werden die Abmessungen der bewegten Teile kleiner
und der mechanische Wirkungsgrad besser.

In kurzen Worten ist also das Ergebnis des Vergleiches:
Die **gleichen** mittleren Drucke in der für die Praxis
in Betracht kommenden Höhe werden im Gleichdruckdiagramm bei **kleineren** Maximalspannungen und -tem-
peraturen und bei **höherem** thermischen Wirkungsgrade
erreicht als im Explosionsdiagramm.

Verhältnis
der nega-
tiven zur
positiven
Arbeit. Für die maschinentechnische Beurteilung der Diagramme
ist noch das Verhältnis der negativen zur positiven Arbeit von
Wichtigkeit, da die negative Arbeit durch die Reibungsverluste
vergrößert, die positive Arbeit dagegen durch dieselben verkleinert wird. Es ist also dasjenige Diagramm das günstigere,
bei dem die negative Arbeit im Vergleich zur positiven kleiner ist.

In dem Explosionsidealdiagramm Tafel I, Fig. 1 stellt
Fläche $awba$ die negative und Fläche $awtua$ die positive
Arbeit dar. Durch Planimetrieren ergab sich:

$$\text{Negative Fläche } awba = 4130 \text{ qmm;}$$
$$\text{Positive Fläche } awtua = 14130 \text{ qmm.}$$

Es ist also die negative Arbeit $= 29{,}2\,^0/_0$ der positiven
Arbeit.

In dem Gleichdruckidealdiagramm Tafel I, Fig. 2
stellt Fläche $akba$ die negative und Fläche $akbgha$ die positive Arbeit dar. Durch Planimetrieren ergab sich:

$$\text{Negative Fläche } akba = 6240 \text{ qmm;}$$
$$\text{Positive Fläche } akbgha = 16240 \text{ qmm.}$$

Es ist also die negative Arbeit $= 38{,}4\,^0/_0$ der positiven
Arbeit.

Bezüglich des Verhältnisses der negativen zur
positiven Arbeit ist also das Explosionsdiagramm günstiger als das Gleichdruckdiagramm.

Verlängerte
Expansion. Wir haben bisher angenommen, daß die Wärmeabführung
bei konstantem Volumen erfolgt, sodaß also die Spannungs-
linie während derselben durch eine senkrechte Gerade dargestellt
wird. Der Zylinderinhalt expandiert also nicht bis auf die
Atmosphärenspannung, sondern wird schon bei höherem Druck
ins Freie ausgestoßen. Hierdurch wird natürlich der thermische
Wirkungsgrad etwas verringert, da alle Elementarprozesse mit

Ausnahme des an der Kompressionsadiabate liegenden nicht bis an die untere Grenze ausgenutzt werden, sondern eine Diagrammfläche einfach abgeschnitten wird, die mit derselben zugeführten Wärmemenge noch erzeugt werden könnte.

Es ist jedoch deshalb vorteilhaft, diese untere Diagrammspitze abzuschneiden, weil dadurch der mittlere Druck des Diagrammes und damit die spezifische Leistung der Maschine wesentlich erhöht wird. In Tafel I, Fig. 2 ist die Expansionsadiabate des großen Diagrammes, die Linie $g\,h$ bis zur Atmosphärenspannung, also bis Punkt i verlängert. Das hierdurch bedingte vergrößerte Hubvolumen berechnete sich zu $v'_h = 413,5$ mm. Die Diagrammfläche $a\,b\,g\,h\,i\,a$ ergab beim Ausmessen einen Inhalt von 11400 qmm, so daß also der mittlere Druck $\dfrac{11400}{413,5}$ $= 2,76$ at ist.

Bei dem verkleinerten Diagramm $a\,b\,g\,h\,a$ ist der mittlere Druck $= 5$ at; er nimmt also durch die Verlängerung der Expansion fast bis auf die Hälfte ab und demnach wächst, wenn die gleiche Leistung erzielt werden soll, bei demselben Hub die Kolbenfläche und damit auch der maximale Kolbendruck fast auf das Doppelte.

Der thermische Wirkungsgrad ist bei Verlängerung der Expansion auf Atmosphärenspannung gleich dem Wirkungsgrade des günstigsten Elementarprozesses geworden, da alle Elementarprozesse nunmehr gleich günstig arbeiten. Es ist also $\eta_t = 60,8\,^0/_0$.

Der thermische Wirkungsgrad ist also durch Verlängerung der Expansion von $54\,^0/_0$ auf $60,8\,^0/_0$ gewachsen, und diese Verbesserung desselben wäre an sich ja sehr wertvoll, wenn sie nicht durch die bedeutende Vergrößerung der Abmessungen und durch die hierdurch bedingte Verschlechterung des mechanischen Wirkungsgrades und die Vergrößerung der Abkühlungsverluste wieder zunichte gemacht würde.

Außerdem haben wir bei der Wärmeabführung bei konstantem Volumen die Möglichkeit, bei Zweitaktmaschinen die bekannten und äußerst einfachen Auspuffschlitze anzuwenden, die durch den Arbeitskolben selbst gesteuert werden. Hierdurch entsteht eine bedeutende Vereinfachung der Maschine. Doch auch bei Viertaktmaschinen, wo die Verlängerung der Expansion in einfachster Weise mit der ohnedies vorhandenen Steuerung durchgeführt werden könnte, hat sich dieselbe aus den oben angeführten Gründen nicht bewährt. Nur bei den Maschinen, die durch Änderung des Mischungsverhältnisses reguliert werden, ist bei geringer Belastung das Kompressionsvolumen kleiner als das Expansionsvolumen; jedoch wird hier die Verlängerung der Expansion nicht um ihrer selbst willen angewandt, sondern weil sie sich ganz von selbst ergibt.

Fassen wir das Ergebnis des Vergleiches zwischen Explosions- und Gleichdruckdiagramm noch einmal zusammen, so sehen wir, daß das Gleichdruckdiagramm dem Explosionsdiagramm in wärmetechnischer Beziehung überlegen ist. Die maschinentechnische Untersuchung hat gezeigt, daß das Gleichdruckdiagramm bei kleinerer Höchstspannung und besserem thermischen Wirkungsgrad einen größeren mittleren Druck gibt als das Explosionsdiagramm, daß dagegen bei letzterem die negative Arbeit kleiner ist als bei ersterem. Welchen Einfluß diese Unterschiede auf den mechanischen Wirkungsgrad ausüben, läßt sich absolut sicher überhaupt nicht feststellen, da der mechanische Wirkungsgrad viel zu sehr noch von anderen Momenten, z. B. von der Güte der Ausführung und Schmierung, von der konstruktiven Gestaltung der beweglichen Einzelheiten, von der Ausnutzung des Getriebes usw. beeinflußt wird, als daß wir durch rechnerische Untersuchungen die Überlegenheit des einen oder anderen Diagrammes beweisen könnten. So hat z. B. die Praxis (Diesel-Motor) gezeigt, daß eine Vergrößerung der negativen Arbeit durchaus noch nicht eine Verschlechterung des mechanischen Wirkungsgrades gegenüber dem bei anderen Maschinen erreichten herbeiführt.[1]) Die vorliegende Untersuchung sollte auch nur zeigen, daß in maschinentechnischer Beziehung beide Diagramme im allgemeinen gleichwertig sind, und daß durchaus nicht die Anwendung des Gleichdruckdiagrammes deswegen zu vermeiden ist, weil es maschinentechnisch bezüglich der Flächenentwicklung zu unvollkommen wäre.

Ein Vergleich der theoretischen Diagramme ist ja überhaupt an und für sich noch lange nicht ausschlaggebend für

---

[1]) Nach Z. d. V. deutsch. Ing. 1905, S. 313, Fig. 89 ist sogar bei dem im einfachwirkenden Viertakt arbeitenden Dieselmotor derselbe mechanische Wirkungsgrad erzielt worden wie bei der neuesten doppeltwirkenden Tandem-Gasmaschine.

die praktische Überlegenheit des einen oder anderen Diagrammes. Viel wichtiger ist die Frage, welches Diagramm sich am besten mit den uns zu Gebote stehenden Mitteln praktisch durchführen läßt, so daß es die an eine Großkraftmaschine zu stellenden Bedingungen in der vollkommensten Weise erfüllt, und diese Bedingungen werden wir auch am deutlichsten bei einer Betrachtung der wirklichen Diagramme erkennen.

C. Die praktische Durchführung der Diagramme.

1. Allgemeine Bemerkungen.

Bei allen Verbrennungsmaschinen wird das theoretische Diagramm dadurch praktisch durchgeführt, daß ein Teil der Arbeitsflüssigkeit aus einer brennbaren Substanz besteht, durch deren Verbrennung in der Periode, in der die Wärme zugeführt werden soll, das Arbeitsvermögen der Arbeitsflüssigkeit erhöht wird. Nach erfolgter Expansion geschieht dann die Wärmeabführung einfach dadurch, daß die Verbrennungsprodukte und die noch überschüssige Luft aus dem Zylinder entfernt werden und eine neue Ladung mit geringerem Wärmeinhalt in denselben hineingebracht wird. Bei der praktischen Durchführung erleidet natürlich das Diagramm gegenüber dem Idealdiagramm manche Änderung, da hier Verluste der verschiedensten Art nicht zu vermeiden sind. Diese Verluste sind vor allem diejenigen durch Leitung oder Strahlung. An das Kühlwasser gehen durchschnittlich 30 bis 50 $^0/_0$ der ganzen zugeführten Wärme, und wenn auch ein Teil dieser Wärmemenge nicht auf Kosten der Arbeitsleistung den Gasen entzogen wird, sondern nach vollendeter Arbeitsleistung während des Auspuffs in das Kühlwasser übergeht, so ist doch der Verlust, den der thermische Wirkungsgrad durch Wärmeabgabe an die Wand und an das Kühlwasser erleidet, nicht zu unterschätzen. Wie hoch derselbe ist, läßt sich nur äußerst schwierig feststellen, und es fehlt daher auch besonders bei großen Motoren noch sehr an diesbezüglichen einwandfreien Versuchen. Weitere Verluste entstehen durch eine unter Umständen stattfindende unvollkommene Verbrennung sowie durch Nachbrennen in die Expansionsperiode hinein. Im letzteren Falle tritt ja eine Abnahme des

thermischen Wirkungsgrades dadurch ein, daß nicht alle Wärmemengen bei der für den Wirkungsgrad günstigsten Spannung
der Arbeitsflüssigkeit zugeführt werden, sondern erst, nachdem
die Spannung durch die Expansion abgenommen hat.

Für den wirtschaftlichen Wirkungsgrad, d. h. das
Verhältnis der Nutzarbeit zur zugeführten Wärme kommt außerdem der mechanische Wirkungsgrad, d. h. das Verhältnis
der Nutzarbeit zur indizierten Arbeit sehr in Betracht, und
wir müssen bestrebt sein, denselben möglichst hochzuhalten.
Wenn sich auch genaue Berechnungen hierüber nicht machen
lassen, so können wir doch als obersten Grundsatz den Satz
aufstellen, daß diejenige Maschine den besten mechanischen Wirkungsgrad gibt, bei der jedes Element,
jedes Glied eine möglichst eindeutige Funktion zu ver-
richten hat, für die es speziell entworfen und geeignet
gemacht werden kann. Bei Kleinmotoren mag eine Ver-
quickung mehrerer Funktionen in ein Element zur Vereinfachung der Maschine angebracht sein, bei einer Großkraftmaschine ist sie aber in jedem Falle zu verwerfen. Z. B. ist
es grundsätzlich falsch, einen großen Motor ohne Kreuzkopf
arbeiten zu lassen, da ein nachstellbarer Kreuzkopf, der auf
kühlen, außerhalb der erwärmten Teile liegenden Gleitflächen
läuft, die Kräfte wesentlich besser und sicherer aufnehmen
kann, als ein Tauchkolben, der durch diese Kräfte gegen die
durch die Verbrennungsvorgänge erwärmten Zylinderwandungen
gepreßt wird. Ebenso ist die Anwendung von Stufenkolben
oder ähnlichen Konstruktionen, welche die Vermeidung eines
besonderen Zylinders bezwecken, zu verwerfen. Bei einigen
Zweitaktmaschinen hat man den Kreuzkopf zur Spülluftpumpe
ausgebildet. In besonderen Fällen mag dies bei kleineren
Leistungen angebracht sein, im allgemeinen ist es jedoch bei
großen Maschinen entschieden unrichtig. Eine gesonderte Spülluftpumpe kann wesentlich besser und richtiger durchgebildet
werden, und ein Kreuzkopf, der ebenfalls weiter nichts zu tun
hat als das, wofür er konstruiert ist, ist viel betriebssicherer
und zuverlässiger als ein Kreuzkopf, der zugleich Kolben ist.

Warum macht man denn im Dampfmaschinenbau nicht
derartige Schachtelungen, um die Maschine zu „vereinfachen"?
Weil man hier längst eingesehen hat, daß dies nur eine vermeint-

liche Vereinfachung ist, und daß die beste Maschine immer diejenige ist, bei der jede Funktion durch ein Element erfüllt wird, das nur hierfür und nicht zugleich noch für so und so viel verschiedene Funktionen konstruiert ist.

Von demselben Standpunkt aus müssen wir auch die Frage, ob Zweitakt oder Viertakt für Großmotoren geeigneter ist, betrachten. Beim Viertakt wird während der Hälfte aller Umdrehungen von den riesigen Gestänge- und Kolbenmassen eine Arbeit geleistet, die mit wesentlich kleineren Abmessungen geleistet werden könnte. Das nach dem Höchstdruck berechnete Getriebe macht eine ganze Umdrehung während eines Arbeitsspieles, bei der die Spannung hinter dem Kolben höchstens $^1/_{100}$ des Höchstdruckes beträgt. Diese Arbeit wird bei den Zweitaktmaschinen durch besondere, und darum hierfür speziell geeignete Pumpen bewirkt, und es ist klar, daß hierbei die Abmessungen der Maschine wesentlich besser ausgenutzt werden. Durch Anwendung doppelt wirkender Zylinder wird ja die Ausnutzung des Getriebes günstiger, aber dies ist bei beiden Systemen in gleicher Weise der Fall. Da wo es sich um geringere Leistungen handelt, ist der Viertakt wegen seiner Einfachheit allerdings vorzuziehen. wo aber eine Vermehrung der Leistung durch Vermehrung der Zylinder bewirkt werden muß, wo also die Höchstleistung für einen Zylinder erreicht ist, oder wo aus anderen Gründen, vor allem zur Verbesserung der Ungleichförmigkeit mehrere Zylinder angeordnet werden sollen, erscheint es vorteilhafter, die spezifische Leistung des Zylinders durch Anwendung des Zweitaktverfahrens zu erhöhen.

Ich setze allerdings voraus, daß das Zweitaktverfahren vollkommen richtig und mit möglichster Verminderung der Ladewiderstände durchgeführt wird und wenn bei Großgasmotoren bisher der Zweitakt eine geringere Verbreitung gefunden hat als der Viertakt, so liegt dies einerseits daran, daß der Unterschied in den Vor- und Nachteilen beider Systeme nicht so groß ist, daß das eine System das andere vollständig verdrängen könnte, andererseits aber auch daran, daß die übliche Durchführung des Zweitaktes beim Explosionsmotor eine genügende Verminderung der Widerstände beim Laden nicht zuläßt. Wenn das Ausspülen des Arbeitszylinders und auch das Laden desselben erfolgen soll, während der Arbeitskolben seinen

Totpunkt durchläuft, so muß mit einem Voreintritt reiner Luft gearbeitet werden, damit möglichst alle Abgase aus dem Zylinder entfernt werden und außerdem ein Heraustreten des frischen Gemisches aus den Auspufföffnungen vermieden wird. Ein großer Teil dieser Spülluft tritt durch die Auspuffschlitze wieder aus und dies bedeutet also direkt einen Arbeitsverlust. Besonders bei voller Belastung wird dieses einfach durch den Zylinder hindurchgeblasene Luftvolumen noch deshalb übermäßig groß, weil die Spülluftpumpe so bemessen sein muß, daß sie auch bei geringeren Belastungen, wenn also das in den Zylinder eingeschobene Gasvolumen kleiner geworden ist, noch für die vollständige Ausspülung der Abgase ausreicht. Außerdem ist die Einschaltung eines großen Zwischenbehälters zwischen Pumpen und Arbeitszylinder deshalb unmöglich, weil die Pumpen zugleich die Ladung abmessen sollen und daher durch einen großen Zwischenbehälter die Wirkung der Regulierung zu sehr verzögert würde. Durch einen solchen möglichst großen Aufnehmer könnte die Pumpenleistung noch weiter vermindert werden, weil dadurch bei nahezu konstanter Ausspülspannung die zur Verfügung stehende Zeit gleichmäßig und daher vollkommen ausgenützt und unnötige Spannungssteigerungen in den Pumpen vermieden würden.

Wir erkennen also, daß aus den großen Ladewiderständen der vorhandenen Zweitaktmaschinen durchaus noch nicht gefolgert werden kann, daß das Zweitaktverfahren überhaupt für Verbrennungsmaschinen unvorteilhaft ist. Bei der Gleichdruckmaschine ergibt sich, wie wir später sehen werden, das Zweitaktverfahren ganz von selbst, da es hier ohne irgend welche Nebenrücksichten in richtiger Weise durchgeführt werden kann, und es kommt daher bei dieser der Viertakt überhaupt nicht oder höchstens nur für ganz kleine Leistungen in Betracht.

2. Die Explosionsmaschine und die Bedingungen für die weitere Vervollkommnung der Verbrennungsmaschinen.

Bei einer normalen Explosionsmaschine befindet sich vor Beginn der Kompression im Arbeitszylinder ein Gemisch aus Gas und Luft. Dasselbe wird beim Kolbenrückgang komprimiert und im Totpunkt desselben entzündet. Durch die bei der Verbrennung frei werdende Wärme wird dann die Spannung im Zylinder erhöht bis auf den Explosionsenddruck. Dieser ist natürlich abhängig von dem Gasgehalt der Ladung, da er um so höher ist, je mehr Wärme durch die Verbrennung frei wird, d. h. je mehr Gas in dem im Zylinder abgeschlossenen Volumen enthalten ist. Die Höhe des Explosionsenddruckes ist also abhängig von dem Mischungsverhältnis zwischen Gas und Luft. Da nun, wie wir oben sahen, der thermische Wirkungsgrad des Explosionsdiagrammes konstant ist, wie hoch auch die Explosionsendspannung sein mag, so erkennen wir, daß das Mischungsverhältnis zwischen Gas und Luft theoretisch keinen Einfluß auf den thermischen Wirkungsgrad hat.

In Wirklichkeit ist dies jedoch wohl der Fall, und um zu erkennen, welche Rolle das Mischungsverhältnis bei der Verbrennung und der Wärmeausnutzung spielt, müssen wir den Verbrennungsvorgang selbst näher betrachten.

Während der Kolben seinen inneren Hubwechsel vollzieht, wird das brennbare Gemisch entzündet. Die Zündung findet immer an einem Punkte des Gemisches statt und die Flamme muß sich nun von einem Gasteilchen zum andern fortpflanzen, bis alle Gasteilchen entzündet sind und damit alle verfügbare Wärme frei geworden ist. Zu dieser gegenseitigen Zündung ist nun eine gewisse Zeit erforderlich, und da sich während dieser Zeit auch der Kolben bewegt, so ist die durch die Verbrennung entstehende Spannungskurve eine Funktion der Kolbengeschwindigkeit und der sogenannten Zündgeschwindigkeit. Um zu bewirken, daß diese Spannungskurve in dem Augenblick, wo der Kolben im Totpunkt steht, möglichst senkrecht ansteigt, muß immer mit einer gewissen Vorzündung gearbeitet werden, d. h. die Entflammung des Gemisches muß schon beginnen, bevor der Kolben seinen Totpunkt erreicht hat. Durch eine Verstellung des Zündzeitpunktes, wie sie bei allen größeren Motoren während des Betriebes möglich ist, kann die Spannungskurve vollständig geändert werden. Je nachdem die Zündung vor dem Totpunkt oder in demselben bewirkt wird, ist die Verbrennung im allgemeinen eine anscheinend plötzliche oder eine schleichende. Wenn auch die Zeit, die zur Entflammung des ganzen Gemisches nötig ist, in beiden Fällen nahezu dieselbe ist, so findet doch im zweiten Falle eine wesentliche

Drucksteigerung nicht mehr statt, da diese durch die nach Überschreiten des Totpunktes erfolgende schnelle Volumenvergrößerung des Raumes, in dem die Verbrennung stattfindet, verhindert wird.

Doch selbst bei unverändertem Zündzeitpunkt ist die Verbrennungslinie bei mehreren hintereinander genommenen Diagrammen in den seltensten Fällen immer die gleiche, da die Zündgeschwindigkeit, d. h. die Geschwindigkeit, mit der sich die Verbrennung von einem Gasteilchen zum andern fortpflanzt, außerordentlich großen Schwankungen unterworfen ist. Sie ist abhängig von dem Mischungsverhältnis, von der Temperatur und von der Bewegung der Gasteilchen, und es würde nur dann stets die gleiche Spannungskurve entstehen, wenn wir es mit einem immer gleichmäßigen, vollkommen homogenen Gemisch zu tun hätten, das überall die gleiche Temperatur hat und das stets entweder gar nicht oder immer in derselben Weise in Bewegung ist. Ein derartiges, immer gleiches Gemisch, das also bei allen Hüben stets dieselbe Zündgeschwindigkeit besitzt, ist aber bei der Arbeitsweise der Explosionsmaschine überhaupt nicht zu erreichen. Nehmen wir wirklich an, daß das Gemisch bei der Bildung im Einströmventilgehäuse dadurch, daß Luft und Gas in der richtigen Weise und möglichst fein verteilt zusammengeführt werden, immer gleichmäßig entsteht, so wird z. B. schon gleich bei seinem Eintritt in den Arbeitszylinder, sobald es mit den in demselben vom vorhergehenden Hub noch befindlichen Abgasresten oder bei Zweitaktmaschinen mit der vorher eingetretenen reinen Luft zusammenkommt, die Homogenität des Zylinderinhaltes von Zufälligkeiten abhängig. Es kann vorkommen, daß ein Teil des Gemisches von einer Schicht von Abgasen umgeben bleibt, so daß die Flamme nur langsam bis zu diesem Teil durch dringt und dadurch die Zündgeschwindigkeit des ganzen Gemisches verkleinert, d. h. die Zeit, die zur Entflammung sämtlicher Gasteilchen nötig ist, vergrößert wird. Auch die Wirbelungen des Gases, die einen wesentlichen Einfluß auf die Zündgeschwindigkeit haben, sind Zufallserscheinungen, die überhaupt nicht beherrscht werden können. Ferner ist nicht nur die zufällige Lagerung der einzelnen Gasteilchen innerhalb der Luft oder der Abgasreste maßgebend für die Zündgeschwindigkeit, sondern auch der Umstand, ob zufällig mehr oder weniger Gasteilchen mit der gekühlten Wandung in Berührung sind. Diese Gasteilchen haben naturgemäß eine längere Zeit notwendig, bis ihre Temperatur auf die Entzündungstemperatur gebracht ist, als wenn sie so gelagert sind, daß eine Wärmeableitung während der Entzündung nicht stattfinden kann, und es ist klar, daß auch hierdurch die Entflammungszeit vergrößert wird, so daß die Verbrennung schleichender erfolgt. Ebenso ist die Zusammensetzung des Gases, die bei jedem Kraftgasbetrieb Schwankungen unterworfen ist, von Einfluß auf die Zündgeschwindigkeit, da diese bei größerem Wasserstoffgehalt größer, bei größerem Kohlenoxydgehalt kleiner wird.

Wir erkennen also, daß eine Menge von Zufallserscheinungen bei der Explosionsmaschine den Verbrennungsvorgang

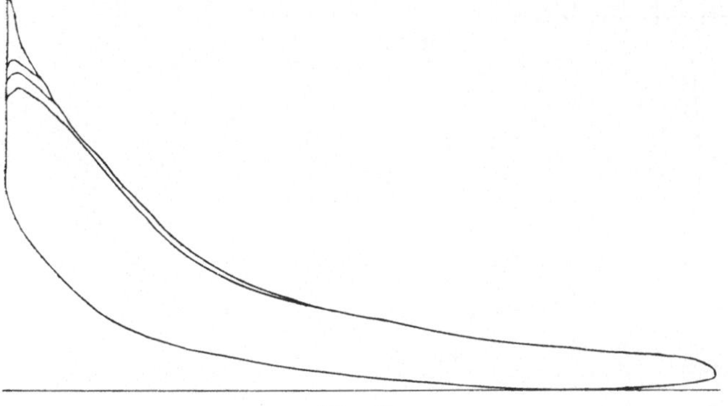

Fig. 8.

beherrschen, und alle Diagramme zeigen auch dieselbe Unsicherheit in der Verbrennung. Fig. 8, 9 und 10 stellen Originaldiagramme der neuesten und besten Großgasmotoren dar, und wir sehen bei allen, daß mehrere hintereinander genommenen Diagramme, trotzdem die äußeren Verhältnisse der Maschine dieselben geblieben sind, in bezug auf die Verbrennungslinie und zum Teil auch in bezug auf die Expansionslinie voneinander abweichen. Die Verschiedenheit in der Verbrennungslinie ist nicht etwa auf ein Spielen des Regulators zurückzuführen, denn in diesem Falle müßte auch die Expansionslinie in ihrer ganzen Länge unter der normalen Linie verlaufen.

Es könnte also höchstens bei dem innersten Linienzug in dem
Diagramm (Fig. 8) eine Änderung in der Regulatorstellung mit-
gewirkt haben. Bei den Diagrammen (Fig. 9) ist eine Mitwirkung des Regulators vollkommen ausgeschlossen, da diese
einer mit Füllungsänderung, also mit Änderung der Kompression regulierten Maschine entnommen sind, die Kompressionslinie dagegen bei dem ganzen Diagrammbündel konstant ist.

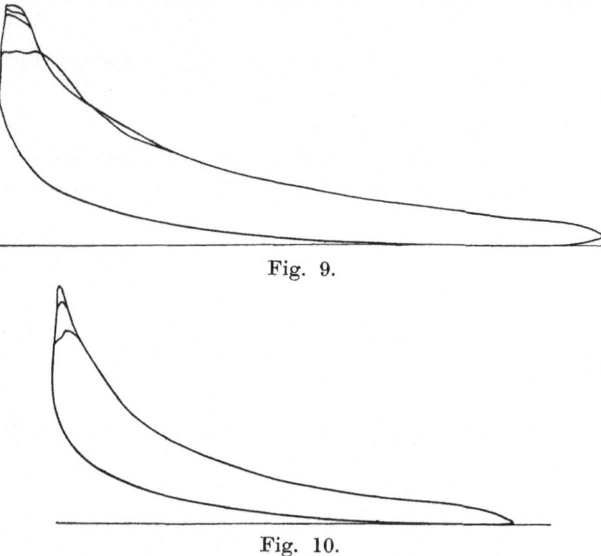

Fig. 9.

Fig. 10.

Die hier wiedergegebenen Diagramme sind, wenn wir sie
mit den durchschnittlich in Gasmotoren erzielten Diagrammen
vergleichen, noch als besonders gut zu bezeichnen, und der Gas-
motoreningenieur, der es durch jahrelanges, mühevolles Probieren
glücklich dahin gebracht hat, daß die Zufallserscheinungen nicht
noch mehr auf die Verbrennung einwirken, wird mir entgegen-
halten, daß dieser letzte Rest der Unsicherheit, der sich überhaupt nicht vermeiden läßt, doch keine wesentlichen Nachteile
mehr mit sich brächte. Bei unbefangener Beurteilung der
Diagramme kommen wir dagegen zu etwas anderen Ansichten.
Zunächst ist es technisch nicht gerade vollkommen, wenn der
Höchstdruck, nach dem das ganze Gestänge der Maschine berechnet wird, derartigen Schwankungen unterworfen ist, da ja

dieses Gestänge imstande sein muß, diesem nur ab und zu auftretenden Höchstdruck standzuhalten, und darum für die durchschnittlich auftretenden Kräfte viel zu stark bemessen ist. Vor allem aber leidet die Wärmeausnutzung sehr durch diese Unsicherheit. Ganz abgesehen davon, daß der thermische Wirkungsgrad, wie wir oben sahen, abnimmt, wenn die oberste Spitze des Diagrammes wegfällt, birgt diese ungleichmäßige Verbrennung einen anderen bedeutenden Nachteil. Wenn ohne jede äußere Veranlassung, allein durch die zufällige Lagerung des Gemisches oder durch andere Zufälligkeiten aus einer plötzlichen Verbrennung eine schleichende werden kann, wer bürgt dann dafür, daß nicht bei einer Reihe von Arbeitsspielen ein Teil des Gases erst während der Expansion oder aber überhaupt nicht mehr zur Entzündung kommt. Interessant ist in dieser Beziehung eine Versuchsreihe, die Prof. Meyer in der Zeitsch. d. V. d. I. 1902, S. 951 veröffentlicht hat. Bei diesen Versuchen, die an einem kleinen Motor gemacht wurden, wurde in allen Fällen eine unvollkommene Verbrennung nachgewiesen und bei dem Betrieb mit Kraftgas bei mittlerer Kompression ein Wärmeverlust bis zu $13,1\,^0/_0$, bei größter Kompression bis zu $12,9\,^0/_0$ durch unvollkommene Verbrennung aus einer Analyse der Auspuffgase einwandfrei festgestellt. Wenn derartige Verluste durch unvollständige Verbrennung schon an einem kleinen Motor vorkommen, so ist anzunehmen, daß sie auch bei einer großen Maschine, bei der wegen des bedeutend größeren Volumens die Zufallserscheinungen in bezug auf die Lagerung des Gemisches einen viel weiteren Spielraum haben, nicht zu vermeiden sind. Das Charakteristische an den Versuchsergebnissen ist ja auch wieder, daß jede Gesetzmäßigkeit der Erscheinungen fehlt. Es wurde mit verschiedenen Mischungsverhältnissen und mit verschiedenen Kompressionsgraden gearbeitet, aber eine Gesetzmäßigkeit konnte nur beim Betriebe mit dem wärmereichen Leuchtgas zur Not herausgerechnet werden; bei dem für große Leistungen jedoch nur in Betracht kommenden Kraftgas stand dagegen die unvollkommene Verbrennung außerhalb jeder Regel. Es ist eben bei dem Arbeitsverfahren der Explosionsmaschinen überhaupt nicht möglich, mit absoluter Sicherheit zu bewirken, daß jedes Gasteilchen in seiner Umgebung immer genügend Sauerstoff zu seiner vollkommenen Verbrennung vorfindet, andererseits dagegen auch nicht so viel Luft und Abgasreste, daß seine Zündfähigkeit dadurch beeinträchtigt wird, und wenn daher auch bei großen Maschinen wegen der damit verbundenen Schwierigkeiten diesbezügliche Versuche noch nicht gemacht worden sind, so ist doch die unvollkommene Verbrennung eine Erscheinung, mit der bei allen Explosionsmaschinen, besonders aber bei großen Maschinen zu rechnen ist, weil sie nicht mit positiver Sicherheit vermieden werden kann.

Dasselbe ist in bezug auf das sogenannte „Nachbrennen", d. h. die Verbrennung während der Expansionsperiode zu sagen. Dieses Nachbrennen ist ja deshalb mit einem Verlust verbunden, weil nicht sämtliche Wärmeteilchen bei der für die Wärmeausnutzung günstigsten Spannung zugeführt werden, wenn ein Teil des Gases erst während der Expansion, also bei verminderter Spannung zur Verbrennung kommt. Das Nachbrennen ist noch schwieriger zu erkennen als die unvollkommene Verbrennung, da es sich nur aus dem Diagramm nachweisen läßt durch Vergleichen der wirklichen Expansionslinie mit der theoretischen. Bei den meisten Gasmotorenuntersuchungen, die zum Teil mit der größten Sorgfalt durchgeführt wurden, ist das Nachbrennen einwandfrei nachgewiesen worden, und wir müssen deshalb zu der Ansicht kommen, daß speziell auch bei Großgasmotoren, wenn auch nicht bei allen Arbeitsspielen, so doch bei einem großen Teil derselben, ein Nachbrennen stattfinden kann und auch stattfindet.

Die Unsicherheit im Verbrennungsvorgang macht sich noch besonders geltend bei der Regulierung. Es wurde oben erwähnt, daß zwei verschiedene Reguliermethoden bei Explosionsmaschinen in Betracht kommen, die Regulierung durch Gemischänderung und die Regulierung durch Füllungsänderung. Die erste Methode ist zwar theoretisch die günstigste, weil bei derselben der thermische Wirkungsgrad konstant bleibt, aber sie hat den großen praktischen Nachteil, daß die Zündfähigkeit des Gemisches bei abnehmendem Gasgehalt schlechter und daher die Verbrennung schleichender und unvollkommener wird. Doch auch bei der Regulierung durch Füllungsänderung bleibt die Zündfähigkeit des Zylinderinhaltes nicht konstant. Das Mischungsverhältnis zwischen Gas und Luft bleibt zwar, abgesehen von kleinen Unterschieden, immer dasselbe, aber da immer das gleiche Volumen von Abgasresten sich mit dem neu eintretenden Gemisch, dessen Volumen sich je nach der Belastung ändert, mischt, so wird doch der spezifische Gasgehalt des ganzen Zylinderinhaltes bei abnehmender Belastung kleiner und damit die Zündfähigkeit schlechter, weil dann viel leichter sich einzelne Gasteilchen in den Abgasresten verlieren. Die Verbrennung wird also bei beiden Reguliermethoden bei abnehmender Belastung schlechter, und zwar bei der ersten etwas mehr wie bei der zweiten. Dies ist stets aus den Diagrammen zu erkennen, da immer ein Diagramm, das bei geringerer Belastung genommen wird, eine schleichendere und daher weniger gute Verbrennung zeigt, als ein bei voller Belastung genommenes Diagramm. Wegen des geringen Gasgehaltes der Ladung ist es bei Explosionsmaschinen auch gar nichts Seltenes, daß bei geringer Belastung Zündungen versagen, weil zufällig in dem Augenblick, in dem der Funken überspringt, kein Gasteilchen in seiner Nähe war.

Es muß noch auf einen Punkt hingewiesen werden, der ebenfalls die Quelle mancher Unregelmäßigkeiten im Gang der Maschine bildet. Es ist dies das gemeinsame Ansaugen von Gas und Luft in ein und denselben Zylinderraum hinein. Wenn durch einen Kolben aus zwei verschiedenen Öffnungen zugleich angesaugt werden soll, so ist das Volumenverhältnis der beiden eingesaugten Mengen nicht allein abhängig von den Querschnitten der beiden Öffnungen, sondern in viel höherem Maße noch von den Widerständen, die bei der Strömung in den beiden Leitungen entstehen. Vor allem ist die Bildung eines vollkommen gleichmäßigen Gemisches während der ganzen Kolbenbewegung nur dann möglich, wenn auch die Änderung der durch die Widerstände erzeugten Unterdrucke in den beiden Leitungen während der Kolbenbewegung nach der gleichen Spannungskurve erfolgt. Da sich während der Kolbenbewegung die Kolbengeschwindigkeit und damit die Strömungsgeschwindigkeit in den Leitungen fortwährend ändert, so ändert sich ja naturgemäß auch der Unterdruck in dem Zylinder selbst und in den Saugleitungen, besonders in der Gasleitung bei Sauggasbetrieb. Wächst nun z. B. der Unterdruck in der Gasleitung bei zunehmender Strömungsgeschwindigkeit schneller als in der Luftleitung, so wird zwar am Anfang und Ende der Kolbenbewegung, also bei kleineren Geschwindigkeiten eine zur richtigen Gemischbildung genügende Gasmenge in jedem Augenblick angesaugt, in der Mitte der Kolbenbewegung dagegen läßt der Gaszufluß nach oder er hört vielleicht sogar bei maximaler Geschwindigkeit ganz auf. Ob überhaupt und in welchem Maße diese die Vollkommenheit der Verbrennung wesentlich beeinträchtigende Unregelmäßigkeit der Gemischbildung durch Gasdruckregler ausgeglichen werden kann, kann hier nicht untersucht werden. Auf jeden Fall ist jedoch eine vollständige Ausgleichung wegen der Massenwirkungen des Druckreglers selbst ausgeschlossen, da durch diese der Druckausgleich viel zu sehr verzögert wird, um mit der außerordentlich schnellen Geschwindigkeitsänderung noch übereinstimmen zu können. Wir sehen also, daß eine gute und überall gleichmäßige Gemischbildung bei dem gemeinsamen Ansaugen von Gas und Luft selbst dann noch lange nicht gewährleistet ist, wenn wirklich durch Einschaltung von Zusatzwiderständen (Drosselklappen) der mittlere Unterdruck bei Gas und Luft möglichst gleich gehalten wird, so daß die ganze eingesaugte Gasmenge dem Gesamtmischungsverhältnis entspricht. Dieses ständige Gleichhalten der beiden Unterdrucke ist außerdem noch dadurch erschwert, daß dieselben aus außerhalb der Maschine liegenden Veranlassungen großen Schwankungen unterworfen sind. Es fehlt also auch hier wieder die absolute Sicherheit in der für eine gute Verbrennung so außerordentlich wichtigen Gemischbildung.

Diese im Wesen der Explosions-Viertaktmaschine begründete Unsicherheit in der Gemischbildung kann nur dann in einer scheinbar hinreichenden Weise beseitigt werden, wenn im Zylinder selbst mit einem genügend großen Unterdruck gearbeitet wird, wenn also die Saugquerschnitte der Gas- bzw. Luftzuführung kleiner gehalten werden, als sie eigentlich zur möglichsten Verminderung des Saugwiderstandes der Maschine sein müßten; denn nur bei großem Unterdruck im Zylinder wird der Einfluß, den die Schwankungen der Unterdrucke in den beiden Leitungen auf die Gemischbildung ausüben, vermindert. Wir sind also genötigt, die Eigenwiderstände der Maschine künstlich zu erhöhen, weil hier zwei verschiedenartige Funktionen, das Ansaugen der neuen Ladung und die Gemischbildung, miteinander verquickt werden.

Die Unsicherheit in der Gemischbildung macht sich noch besonders fühlbar bei der Regulierung, und es kann von einer Präzisionsregulierung überhaupt nicht die Rede sein, solange der Regulator nicht unter Ausschaltung aller Zufallserscheinungen die bei jedem Arbeitsspiel in die Maschine eintretende Gasmenge beherrscht. Wenn die Wirkung des Regulators noch durch andere unberechenbare Momente, wie sie bei dem gemeinsamen Ansaugen von Gas und Luft unvermeidlich sind, beeinträchtigt werden kann, so ist noch nicht die absolute Sicherheit in der Regulierung erreicht, wie wir sie bei Großkraftmaschinen verlangen müssen und wie sie bei Dampfmaschinen vorhanden ist, wenn auch durch Probieren und versuchsweises Verstellen der Zusatzwiderstände eine zur Not befriedigende Regulierung der Gasmaschinen erreicht werden kann.

Eine in weiten Grenzen sich bewegende Regulierung auf Leistung durch Veränderung der Tourenzahl scheitert daran, daß bei kleineren Geschwindigkeiten der für die Gemischbildung erforderliche Unterdruck im Zylinder nicht mehr entsteht. Es müßten also bei Abnahme der Umdrehungszahl der Maschine die das Mischungsverhältnis bestimmenden Querschnitte immer wieder verändert werden, um auch bei geringerer Kolbengeschwindigkeit den zur richtigen Gemischansaugung nötigen Unterdruck zu erreichen. Außerdem müßte die Zündung immer verstellt werden, da dieselbe, wenn sie für normale Geschwindigkeit eingestellt war, bei kleinerer Geschwindigkeit zu früh erfolgt, so daß gewaltige Stöße in die Maschine kommen, weil dann die Explosionsendspannung schon vor Erreichung des Totpunktes auftritt. Der Explosionsmotor ist daher zur Leistungsregulierung lange nicht in dem Maße geeignet wie die Dampfmaschine, und man hilft sich daher z. B. bei Gebläsemaschinen mit einer Leistungsregulierung des Gebläsezylinders bei möglichst konstanter Tourenzahl.

Der größte Nachteil jedoch, der der praktischen Durchführung des Explosionsverfahrens anhaftet, ist die Möglichkeit der Frühzündungen. Da sich das Gemisch schon vor und während der Kompression fertig im Zylinder befindet, so kann dasselbe durch irgend welche Zufälligkeiten schon in Entzündung geraten, bevor der Kolben seinen Kompressionshub beendigt hat. Es genügt ja, daß an irgend einer Stelle die Entzündungstemperatur erreicht wird, um das ganze Gemisch zu früh zur Verbrennung zu bringen; und in einem Zylinder, in dem kurz vorher eine Temperatur von 1500^0 bis 2000^0 herrschte, in dem sich noch während des Ansaugens Abgasreste von einer Temperatur, die beinahe schon gleich der Entzündungstemperatur des Gases ist, befinden, muß schon eine äußerst wirksame Kühlung und eine gute, die Temperatur der Abgase vermindernde Mischung derselben mit der neuen Ladung erfolgen, wenn an keiner einzigen, noch so kleinen Stelle schon bei geringer Kompression die Entzündungstemperatur erreicht sein soll. Wenn z. B. sich an irgend einer Stelle der Wand eine Ölkruste ansetzt, sodaß in der obersten Schicht dieser Kruste die Wasserkühlung der Wand nicht mehr intensiv genug wirkt, um die während der Verbrennungsperiode derselben mitgeteilte Wärme schnell abzuführen, oder wenn sich an der Wasserseite der Wand Schmutz oder Kesselstein ansetzt und hierdurch die Kühlung beeinträchtigt wird, oder aber wenn ein Teil der Abgasreste sich nicht mit der neu eintretenden Ladung mischt und dadurch seine hohe Temperatur fast beibehält, so wird schon leicht bei nur geringer Weitererwärmung durch die Kompression die Entzündungstemperatur erreicht und die Frühzündung erfolgt. Besonders durch die zur Erhöhung des thermischen Wirkungsgrades bis fast an die Grenze des Zulässigen durchgeführte Erhöhung der Kompression ist die Gefahr der Frühzündungen immer noch vergrößert worden, und es können auch eben wegen dieser hohen Kompression, wie wir oben sahen, die Spannungen im Zylinder so wachsen, daß sie eine gefährliche Höhe erreichen. Doch selbst wenn durch die Frühzündung kein Bruch irgend eines Teiles der Maschine erfolgt, so ist sie doch immer schädlich und vor allem eine unangenehme Betriebsstörung, da besonders bei mehreren aufeinanderfolgenden Frühzündungen die Maschine schleunigst stillgesetzt werden und die Abkühlung derselben abgewartet werden muß. Dann wird wieder angelassen und probiert, ob nun der Zufall, der die Frühzündungen veranlaßt hatte, nicht mehr auftritt. Ist die Ursache der Frühzündungen dann jedoch noch nicht verschwunden, so muß die Maschine innerlich nachgesehen werden. Derartige Frühzündungen kommen selbst bei den besten und neuesten Maschinen immer wieder vor und es ist also auch hier wieder der Zufall, der eine so große Rolle bei dem Arbeitsverfahren der heutigen Gasmotoren spielt.

Es ist also ein grundlegender Fehler aller nach dem Explosionsverfahren arbeitenden Verbrennungsmaschinen, daß die wichtigste Funktion des ganzen Arbeitsprozesses, die Verbrennung, so sehr vom Zufall beherrscht wird.

Wenn trotzdem der Gasmotor auch als Großkraftmaschine eine bedeutende Rolle spielt, wenigstens da, wo er vor anderen Kraftmaschinen besondere Vorteile hat, die seine Nachteile aufwiegen, so ist die Ausdauer und Intelligenz der Ingenieure zu bewundern, die in jahrelangem Bemühen es fertig gebracht haben, die Zufallserscheinungen auf ein Minimum zu reduzieren; aber erst dann wird die Verbrennungsmaschine auf dem Gebiete der Krafterzeugung die Bedeutung erringen, die ihr gebührt, wenn es gelingt, das Arbeitsverfahren so zu gestalten und auszubilden, daß Zufallserscheinungen überhaupt ausgeschlossen sind, ohne daß wieder andere Nachteile, z. B. schlechtere Wärmeausnutzung, dafür in den Kauf genommen werden müssen. Erst dann wird die Verbrennungsmaschine als vollkommen überlegene Gegnerin selbst in den größten Kraftzentralen den Kampf mit dem Dampfe aufnehmen und siegreich beendigen können, wenn es gelingt, dieselbe so zu gestalten, daß jede Funktion innerhalb der Maschine mit absoluter Sicherheit so erfolgt und nur so erfolgen kann, wie es die Berechnung, wie es der Wille des Konstrukteurs ihr vorschreibt.

Es ist also zunächst nicht die theoretische Überlegenheit des einen oder anderen Arbeitsverfahrens, die uns den Weg zeigt, den wir zur Verbesserung der Gasmotoren einschlagen müssen, sondern ganz abgesehen von der Art des Arbeitsverfahrens und der Art der Wärmezuführung ist die Grundbedingung für die Vervollkommnung der Verbrennungsmaschinen:

Zwangläufige Regelung der Verbrennung.

Die Verbrennung muß durch zwangläufig bewegte Organe der Maschine so beherrscht und so geregelt werden, daß in jedem Augenblick nur die dem Diagramm gemäß zuzuführende Wärmemenge entwickelt wird, daß jedes Gasteilchen erst dann verbrennen kann, wenn es auch verbrennen darf, und daß es andererseits dann auch wirklich verbrennt und vollkommen verbrennt. Es ist also hierin schon ausgesprochen, daß Frühzündungen absolut unmöglich sein müssen; denn erst dann wird die Verbrennungsmaschine zu einer Großkraftmaschine in vollkommenster Weise geeignet, wenn alle bei dem Arbeitsprozeß auftretenden Kräfte vollständig geregelt sind, wenn keine zufälligen, nicht beabsichtigten Kräfte mehr entstehen können, die, ohne jede äußere Veranlassung regellos auftretend, die Maschine gefährden und den normalen Lauf derselben in empfindlicher Weise beeinträchtigen können. Erst dann wird auch die Verbrennungsmaschine den größtmöglichen Grad der Wärmeausnutzung erreichen, wenn keinerlei Zufälligkeiten mehr die Verbrennung verschlechtern können, sondern wenn wir in der Lage sind, dieselbe bei allen Arbeitsspielen gleichmäßig in der vollkommensten und in der für die Wärmeausnutzung günstigsten Weise zu leiten.

Es interessiert uns nun noch die Frage, welche Wärmeausnutzung überhaupt praktisch im Explosionsmotor erreicht wird.

Nach den Garantiezahlen der bedeutendsten Gasmotorenfabriken werden bei voller Belastung durchschnittlich etwa 2400 cal für eine effektive Pferdekraft-Stunde verbraucht. Da nun 1 PS/Std. $= 3600 \cdot 75 = 270\,000$ mkg/Sek. ist, so würde dieselbe bei einer Wärmeausnutzung von $100\,^0/_0$, da 428 cal $= 1$ mkg, mit $\dfrac{270\,000}{428} = 631$ cal geleistet. Es sind jedoch 2400 cal für dieselbe verbraucht worden; dies entspricht also einer Wärmeausnutzung von $\dfrac{631}{2400} \cdot 100 = 26\,^0/_0$. Wenn wir also das in Tafel I, Fig. 1 dargestellte Idealdiagramm zugrunde legen, das eine Kompressionsendspannung von 12 at, also die in den neuesten Gasmotoren durchschnittlich erreichte Kompressionsendspannung zeigt, so sind nur $\dfrac{26}{51{,}4} \cdot 100 = $ rd. $50\,^0/_0$ der in der verlustlosen Maschine verfügbaren Arbeit in effektive Arbeit verwandelt worden.

Güldner gibt in seinem Buche „Entwerfen und Berechnen

der Verbrennungsmotoren", S. 214 u. 215 als Durchschnittswert für die Wärmeausnutzung großer Kraftgasmotoren eine solche von 24 $\%$ der im Gas enthaltenen Wärme an. Es entspricht dies also einem Wärmeverbrauch von $\dfrac{631}{0,24} = 2630$ cal für die effektive Pferdekraftstunde, und es sind also hiernach, wenn wir wieder das Idealdiagramm zugrunde legen, nur $\dfrac{24}{51,4} \cdot 100 = 46,7\ \%$ der in der verlustlosen Maschine verfügbaren Arbeit in effektive Arbeit verwandelt worden.

Bei einzelnen Versuchen ist freilich auch schon eine etwas höhere Wärmeausnutzung nachgewiesen worden, aber wir müssen bedenken, daß derartige Leistungsversuche an Gasmotoren größtenteils gewissermaßen Laboratoriumsversuche sind. Hierbei wird zunächst in den meisten Fällen an Hand der Diagramme sowohl das Mischungsverhältnis durch Verstellen der Drosselklappen als auch die Zündung durch Verstellen des Zündzeitpunktes so eingestellt, daß im allgemeinen ein möglichst gutes Diagramm entsteht. Wer aber bürgt dafür, daß dies auch im praktischen Betrieb immer geschieht? Beim Anlassen muß die Zündung in den Totpunkt oder sogar hinter denselben verlegt werden, und wer garantiert nun dafür, daß der Maschinist dieselbe immer, sobald die Maschine im normalen Betrieb ist, der Vorschrift gemäß, so weit zurückstellt, daß die Verbrennung eine möglichst plötzliche wird. Wer bürgt dafür, daß die Zündung, selbst wenn sie zurückgestellt wird, und daß die Drosselklappen immer so eingestellt sind, wie es für eine möglichst gute Gemischbildung und Verbrennung nötig wäre, da ja die unrichtige Stellung derselben nur aus dem Diagramm erkennbar ist und selbst eine einmalige richtige Einstellung bei den Schwankungen in der Zusammensetzung des Kraftgases und in der Gemischbildung noch lange keine Gewähr dafür bietet, daß nun immer die Verbrennung eine möglichst vollkommene ist. Sehr häufig wird sogar vom Maschinisten der Gang der Maschine einfach durch Drosselung der Gaszuströmung nach Bedarf geregelt, ohne daß derselbe sich überhaupt darum kümmert, daß hierdurch vielleicht die Verbrennung ganz wesentlich verschlechtert wird, wenn die Stellung der Luftdrosselklappe und der Zündung unverändert bleibt.

Diese große Rolle, die bei den Explosionsmaschinen der Maschinist in bezug auf die Wärmeausnutzung spielt, dessen Kontrolle nur an Hand von Diagrammen möglich ist, ist ein Moment, das bei einer Beurteilung der Verbrennungsmaschinen nicht außer acht gelassen werden darf, und wir erkennen, daß es für eine stets gleichmäßig gute Wärmeausnutzung unbedingt erforderlich ist, daß die Art und Güte der Verbrennung vollkommen unabhängig ist von der Bedienung der Maschine, daß sie in allen Fällen ohne irgend ein Zutun des Maschinisten in genau der gleichen Weise und daher immer mit der höchsten überhaupt erreichbaren Vollkommenheit verläuft. Auch diese wichtige Bedingung ist schon in dem oben ausgesprochenen kurzen Wort „zwangläufige Regelung der Verbrennung" enthalten.

Wesentlich ungünstiger wird bei Explosionsmotoren noch die Wärmeausnutzung bei Abnahme der Belastung. Selbst bei der theoretisch günstigeren Reguliermethode nimmt der Wärmeverbrauch für die effektive Pferdekraftstunde bei Verminderung der Belastung auf die Hälfte der Normalbelastung um mindestens $30^0/_0$ zu. Diese Zunahme des Wärmeverbrauchs, die abgesehen von der Verschlechterung des mechanischen Wirkungsgrades hauptsächlich durch die Verschlechterung der Verbrennung entsteht, ist jedoch in praktischen Betrieben, bei denen nicht, wie bei Leistungsversuchen die Zündung genau nach dem Diagramm eingestellt wird, ohne Zweifel noch bedeutender, besonders, wenn schon bei voller Belastung die Zündung nicht genau richtig steht, sondern zu spät erfolgt. Doch rechnen wir nur mit einer Zunahme um $30^0/_0$, so ist bei halber Belastung der Wärmeverbrauch für die effektive Pferdekraftstunde schon 3420 cal, was einer Wärmeausnutzung von $18,5^0/_0$ der im Gas enthaltenen Wärme entspricht. In diesem Falle sind also nur $\frac{18,5}{51,4} \cdot 100 = 36^0/_0$ der in der verlustlosen Maschine verfügbaren Arbeit in effektive Arbeit verwandelt worden.

Diese große Zunahme des Wärmeverbrauchs bei Abnahme der Belastung muß bei einer Verbrennungsmaschine unbedingt beseitigt werden, damit sie auch bei geringeren Belastungen anderen Kraftanlagen überlegen bleibt. Die Grundbedingung, die deswegen erfüllt werden muß, ist die, daß die Verbrennung auch bei geringen Gasmengen unter genau denselben Verhältnissen und mit derselben Vollkommenheit erfolgt wie bei großen Gasmengen, daß also die Art und die Güte der Verbrennung vollkommen unabhängig ist von dem Gasgehalt des Zylinderinhaltes. Wir kommen also hier auch wieder zu der Bedingung: „zwangläufige Regelung der Verbrennung".

Neben den Eigenwiderständen und Reibungsverlusten, neben der unrichtigen und unvollkommenen Verbrennung ist aber hauptsächlich der Wärmeübergang an die Zylinderwand die Ursache bedeutender Verluste. Wegen der hohen Temperatur müssen alle Teile, mit denen die heißen Gase in Berührung kommen, in irgend einer Weise so gekühlt werden, daß eine die Festigkeit des Materials verringernde Temperaturerhöhung desselben nicht eintritt. Sogar Kolben und Auspuffventil werden bei größeren Maschinen durch Wasser gekühlt, und auf die Kühlung der Kolbenlauffläche muß auch besonderer Wert gelegt werden, damit eine Schmierung des Kolbens möglich wird und derselbe nicht bei Verdampfen des Öles festbrennt. Alle Wände des Raumes, in dem die Verbrennung stattfindet, bieten also der Wärme einen breiten Weg nach außen und auch ein geräumiges Reservoir, in dem die Wärme der Arbeitsleistung entzogen wird.

Die Wärmebewegung in der Wand ist ein äußerst verwickelter Vorgang, der sich aus einer Aufspeicherung der Wärme, einem Durchgang derselben nach außen und einem Rückströmen nach innen zusammensetzt. Die Wärme, die während der Verbrennung und des oberen Teiles der Expansion in die wesentlich kältere Wand eindringt, geht teilweise wegen des sehr hohen Leitungsvermögens des Metalls sofort oder während der späteren Perioden nach außen durch, teilweise tritt sie noch während der Expansion, während des Auspuffs oder während der Ladeperiode wieder in die Arbeitsgase zurück. Der erste und weitaus der größte Teil ist also für die Arbeitsleistung vollständig verloren, während die im unteren Teile der Expansion in den Zylinder zurücktretende Wärmemenge, die aber bei der immer noch bedeutenden Temperatur der Arbeitsgase nicht wesentlich sein kann, noch eine geringe Arbeit leistet.

Der größte Teil, der nicht nach außen durchdringenden Wärmemenge geht dann während des Auspuffs in die Verbrennungsrückstände, oder während des Ansaugens in die neue Ladung: er ist also in beiden Fällen auch für die Arbeitsleistung verloren. Wie groß die Wärmemengen sind, die in jeder Periode des Arbeitsprozesses in die Wandung übergehen und aus derselben nach innen oder außen wieder heraustreten, läßt sich überhaupt nicht absolut sicher feststellen, da wir bei einer theoretischen Berechnung so viele Annahmen über die Koeffizienten der Wärmeleitung, des Wärmeübergangs usw. machen müßten, daß der Wert derselben ‚ dadurch illusorisch würde. Bei der Wärmeabführung durch das Kühlwasser, die meistens je nach der Art und dem Grad der Kühlung zwischen 30 und 50 $^0/_0$ der ganzen zugeführten Wärme schwankt, ist aber sicher der größere Teil auf Kosten der Arbeitsleistung zu setzen und der kleinere Teil ist den Abgasen entzogen, die ja die Wärme nach erfolgter Arbeitsleistung abführen. Dies geht schon daraus hervor, daß bei Zweitaktmaschinen, trotzdem bei diesen die Abgase nur sehr kurze Zeit mit den gekühlten Wänden in Berührung bleiben, die Wärmeabführung durch das Kühlwasser nicht wesentlich geringer ist als bei Viertaktmaschinen.

Den ungünstigen Einfluß der Wandungen auf den Wärmeverbrauch der Maschine durch eine Teilung des Temperaturgefälles auf mehrere Zylinder zu vermindern, wie es bei Verbunddampfmaschinen geschieht, ist bei Verbrennungsmaschinen vollkommen ausgeschlossen, da die Hauptbedingung, unter welcher eine Verbundwirkung nur die Wärmeverluste verringern kann, nämlich die Bedingung, daß die Temperatur der Wandung ungefähr gleich der mittleren Temperatur des in dem betreffenden Zylinder erfolgenden Arbeitsspieles ist, bei Dampfmaschinen sich durchführen läßt, bei Verbrennungsmaschinen dagegen wegen der hier in Betracht kommenden hohen Temperaturen überhaupt nicht erfüllt werden kann. Wir müssen also bei diesen Maschinen einen anderen Weg einschlagen, und es unterliegt keinem Zweifel, daß wir hier den Wärmeverlust durch die Wandungswärme wesentlich verringern würden, wenn wir den Raum, in dem die Verbrennung stattfindet, durch innere Auskleidung mit einem schlechten Wärmeleiter möglichst wärmedicht machten. Die Wirkung einer solchen Auskleidung ist dann wieder eine doppelte. Einerseits wird der freie Durchgang der Wärme durch die Wand wesentlich gehemmt, andererseits kann auch wegen der hierdurch hervorgerufenen Wärmestauung nur eine viel geringere Wärmemenge in die Wandung übertreten, weil die Temperatur der innersten Wandungsschicht schon bei einer ganz geringen in dieselbe übergetretenen Wärmemenge gleich der Temperatur der Verbrennungsgase wird. Es wird also auch die Wärmemenge, die in der Wand aufgespeichert wird, um nachher in die Abgase oder in die neue Ladung überzugehen, verkleinert. Vor allem wird die günstige Wirkung einer solchen Auskleidung noch sehr dadurch unterstützt, daß die mittlere Temperatur der mit den heißen Gasen in Berührung kommenden Schicht wesentlich höher bleibt, als dies bei nackten Metallwänden der Fall ist. Hierdurch wird ja auch schon die bis zur Erhöhung der Wandungstemperatur auf die Gastemperatur in die Wand übertretende Wärmemenge verkleinert.

Die Wärmebewegung in der Wand spielt sich in sehr kurzer Zeit ab, und da die Wärmeschutzmasse nicht gegen eine ununterbrochen wirkende hohe Temperatur zu dichten, sondern nur während der kurzen Zeit der Verbrennung und des obersten Teiles der Expansion die Wärmeabgabe an die Wand zu hemmen braucht, so wird eine sehr dünne Schicht, mit der die Metallwände des Verbrennungsraumes, die nebenbei bemerkt zwecks größerer Haltbarkeit immer noch gekühlt werden können, innen belegt werden, schon eine genügend große Wärmestauung und damit einen hinreichenden Schutz gegen Wärmeverluste bewirken. Es ergibt sich hierbei noch der große Vorteil, daß durch eine derartige Bekleidung des Kolbenbodens der Wärmeübergang an den Kolben wesentlich verringert werden kann, so daß es ohne jeden Zweifel möglich sein wird, selbst bei den größten Motoren ohne Kolbenkühlung oder höchstens mit einer Luftkühlung derselben zu arbeiten.

Die Kolbenlauffläche am Kolben selbst und an der Zylinderwand kann natürlich nicht mit einer derartigen Schicht bekleidet werden und die Bohrung des Zylinders, mit der während des Kolbenvorganges die heißen Gase in Berührung treten, muß nach wie vor gekühlt werden, aber die Wärmeverluste, die hierdurch bedingt werden, sind gering im Vergleich zu den durch den Zylinderdeckel und den Kolbenboden bedingten, da in dem Augenblick, in dem die höchsten Temperaturen im Zylinder herrschen, die mit den heißen Gasen in Berührung stehende Fläche der Bohrung sehr gering ist im Vergleich mit den übrigen Begrenzungsflächen des Raumes. Es wird also schon ein bedeutender Gewinn erzielt, wenn wir nur diese letzteren Flächen mit einer möglichst wärmedichten, dünnen Schicht bekleiden, was wir schon daraus erkennen, daß die Wärmeleitungskoeffizienten des Eisens und der hier in Betracht kommenden Isoliermaterialien sich etwa verhalten werden wie 100 : 1.

Aus welchen Stoffen und in welcher Weise eine derartige dünne Schicht herzustellen ist, das ist eine Aufgabe, die der technischen Chemie überlassen bleibt, die aber sicher gelöst werden wird, wenn, was bisher nicht der Fall war, das Bedürfnis nach einer befriedigenden Lösung entsteht. Doch schon mit den vorhandenen Mitteln wird eine wesentliche Verminderung der Wärmeverluste erreicht werden, wenn wir die Wände des Verbrennungsraumes mit Asbestpappe belegen und über derselben ein möglichst dünnes Stahlblech anordnen, durch welches die Pappe festgehalten und zugleich ein Abbröckeln einzelner Stückchen derselben verhindert wird. Da ja dieses Stahlblech keine Festigkeit gegen die im Zylinder herrschende Spannung mehr zu besitzen braucht, kann seine Temperatur wesentlich höher gehalten werden, als dies bei unbekleideten Metallwänden der Fall ist, wodurch neben der Verminderung der durch die Wandung durchgehenden Wärmemengen auch infolge der schnelleren Wärmestauung die in der Wand sich aufspeichernden und in die Abgase oder in die neue Ladung zurücktretenden Wärmemengen verringert werden. Ein übermäßiges Anwachsen der Temperatur des Stahlbleches, die immerhin ohne Gefährdung der Dauerhaftigkeit im Mittel 500—600° C betragen kann, kann dadurch vermieden werden, daß die Asbestpappe nicht zu dick genommen wird.

Bei der bekannten Arbeitsweise der Explosionsmaschinen ist nun eine derartige Auskleidung des Verbrennungsraumes vollständig ausgeschlossen, da bei diesen Maschinen der Verbrennungsraum zugleich Kompressionsraum des brennbaren Gemisches ist. Es muß also dieser Raum, wie wir oben sahen, um Frühzündungen zu vermeiden, möglichst intensiv gekühlt werden, besonders wenn eine möglichst hohe Kompression erreicht werden soll, was zur Erlangung eines guten thermischen Wirkungsgrades unbedingt erforderlich ist. Diese starke Kühlung der Wandungen muß dann eben trotz der durch dieselbe bedingten Verluste bei der Verbrennung mit in den Kauf genommen werden, und wir erkennen also, daß es ein weiterer grundlegender Fehler der Explosionsmaschinen ist, daß die Verbrennung in einem Raum stattfindet, der überhaupt nicht für dieselbe in der richtigen Weise ausgebildet werden kann.

Man bemüht sich durch sorgfältigste Bearbeitung der einzelnen Teile die Abdichtung gegen die Spannung der Gase so vollkommen wie möglich zu machen, aber der Wärme, dem eigentlichen Lebenselement der Verbrennungsmaschinen, läßt man einen breiten Weg, auf dem sie frei austreten und sich der Arbeitsleistung entziehen kann. Es ist also die zweite Bedingung, die bei einer Verbrennungsmaschine, wenn sie mit möglichst geringen Verlusten arbeiten soll, erfüllt werden muß:

Verbrennung in einem möglichst wärmedichten Raume.

Die beiden Bedingungen, die zur Vervollkommnung der Verbrennungsmaschinen erfüllt werden müssen, eine zwangläufig geregelte Verbrennung in einem möglichst wärmedichten Raume, lassen sich nun bei einer Explosionsmaschine überhaupt nicht durchführen. Bei der plötzlichen Verbrennung, wie sie in einer Explosionsmaschine erfolgen soll, würde eine durch mechanische Mittel zu bewirkende zwangläufige Regelung derselben eine derartig schnelle Bewegung der Gasmassen und der betreffenden Steuerungsteile bedingen, daß an eine praktische Durchführung überhaupt nicht zu denken ist. Die Verbrennung in einem wärmedichten Raume ist damit auch bei der Explosionsmaschine ohne weiteres ausgeschlossen, da diese ja nur möglich ist, wenn die Kompression des Gases und die Verbrennung derselben in zwei verschiedenen Räumen vor sich geht, was wieder eine Bewegung des Gases aus dem einen Raum in den andern in dem Augenblick, in dem die Verbrennung erfolgen soll, bedingt.

Wir können also nicht durch Verbesserungen des heutigen Gasmotors, nicht durch Änderung der Explosionsmaschine unser

Ziel erreichen, sondern wir müssen von Grund aus neu schaffen, und deshalb müssen wir zunächst uns klar werden, in welcher Weise und mit welchen Mitteln die beiden oben erkannten Bedingungen durchgeführt werden können und welche Schwierigkeiten der praktischen Durchführung im Wege stehen. Da diese Schwierigkeiten bei einer Verbrennungsmaschine für gasförmigen Brennstoff wegen des großen bei jedem Arbeitsspiel zur Verbrennung gelangenden Volumens wesentlich größer sind als bei Anwendung eines flüssigen Brennstoffes, so wollen wir in erster Linie die Durchführung der Bedingungen bei gasförmigem Brennstoff betrachten.

Zweiter Teil.

Zwangläufige Regelung der Verbrennung.

D. Grundlegende Erwägungen.

Eine zwangläufig geregelte Verbrennung sowohl wie eine Verbrennung in einem möglichst wärmedichten Raume läßt sich nur dann erreichen, wenn das Gas während der vor der Verbrennung zu bewirkenden Kompression sich in einem stark gekühlten Raume befindet, der von dem mit Wärmeschutzmasse ausgekleideten Verbrennungsraume in irgend einer Weise getrennt ist. Das Wesen einer zwangläufigen Regelung der Verbrennung ist ja eben das, daß das Gas, wenn es der Verbrennung zugeführt werden soll, in einer durch mechanische Mittel genau geregelten, der gewünschten Spannungskurve entsprechenden Menge aus einem Raume, in dem eine Entzündung unmöglich ist, in den Verbrennungsraum übertritt und hier sofort bei seinem Eintritt verbrennt.

Ein gemeinsames Ansaugen von Gas und Luft bzw. ein gemeinsames Einblasen derselben in den Arbeitszylinder, wie es bei Explosionsmaschinen geschieht, ist deshalb hier von vornherein ausgeschlossen, und eine Lösung der Aufgabe ist nur möglich, wenn wir zum Abmessen und zum Komprimieren des Gases eine besondere Pumpe anordnen. Es ist natürlich vorteilhaft, durch diese Pumpe nur reines Gas zu fördern, nicht etwa ein Gemisch aus Gas und Luft, da einmal dadurch das erforderliche Volumen der Pumpe möglichst klein gehalten und andererseits auch eine beliebig hohe Kompression ohne Gefahr für Frühzündungen ermöglicht wird. Es ist ohne weiteres selbstverständlich, daß wir die zu einem Arbeitsspiel erforderliche Luft, also den größten Bestandteil des Gemisches, vor der Kompression in den Arbeitszylinder selbst einführen und also in diesem komprimieren, so daß der größte Teil der vor der Verbrennung zu leistenden negativen Arbeit durch das Hauptgetriebe geleistet wird.

Ich möchte hier zunächst einem Einwand entgegentreten, der meistens von vornherein gegen die Anordnung einer besonderen, Arbeit verzehrenden Gaspumpe gemacht wird, nämlich dem, daß die Anwendung eines, nur negative Arbeit leistenden Getriebes den mechanischen Wirkungsgrad so sehr verschlechtere, daß ein Gewinn nicht mehr zu erwarten sei. Es ist natürlich klar, daß wir die negative Arbeit der Gaspumpe möglichst klein halten müssen, und wir werden weiter unten sehen, in welcher Weise dies möglich ist, aber wir müssen doch bedenken, daß der weitaus größte Teil dieser negativen Arbeit im positiven Arbeitsdiagramm wieder erscheint, und daß nur ein kleiner Teil derselben, der also in bezug auf die Gesamtarbeit ganz unbedeutend ist, durch die Reibungsarbeit des Pumpengetriebes verloren geht. Wenn die Gaspumpe 10% der im Arbeitszylinder entwickelten Arbeit verzehrt und wenn wir den mechanischen Wirkungsgrad der Pumpe zu 80% annehmen, so beträgt die infolge der Anordnung einer besonderen Gaspumpe verloren gehende Reibungsarbeit nur $0,20 \cdot 0,10 = 0,02 = 2\%$ der indizierten Arbeit des Arbeitszylinders.

Dieser geringe Verlust wird aber durch die mit der Anwendung einer besonderen Gaspumpe zusammenhängenden Vorteile mehr als aufgewogen. Zunächst ist es der Vorteil, daß hierdurch eine wirkliche Präzisionsregulierung ermöglicht wird, da die Beherrschung der von der Pumpe geförderten Gasmenge durch den Regulator keine Schwierigkeiten macht. Außerdem haben wir jetzt die Möglichkeit, das Zweitaktverfahren ohne irgendwelche Nebenrücksichten durchzuführen, da wir einfach während des Auspuffs den Arbeitszylinder mit reiner Luft auszuspülen brauchen. Diese Spülluft muß natürlich durch eine besondere Spülluftpumpe, die übrigens auch durch einen Ventilator ersetzt werden kann, auf den zum Durchblasen nötigen Überdruck gebracht werden, aber bei der geringen Höhe dieses

Überdruckes wird eine solche Pumpe derartig einfach und betriebssicher, daß die durch Anordnung derselben bewirkte Vermehrung der bewegten Teile gegenüber der durch dieselbe ermöglichten Verdoppelung der spezifischen Leistung keine wesentliche Rolle spielt. Außerdem kann bei großen Kraftwerken die Erzeugung der Spülluft zentralisiert und dadurch dieselbe noch vereinfacht werden.

Die Widerstände, die bei diesem Ausspülen des Arbeitszylinders zu überwinden sind, können sicher wesentlich kleiner gehalten werden, als die Ladewiderstände der vorhandenen Zweitaktmaschinen, da wir jetzt durch einen beliebig großen Zwischenbehälter die Ausspülspannung auf einer nahezu konstanten Höhe halten können und außerdem nur wenig mehr als das wirklich in den Kreisprozeß eintretende Luftvolumen in den Arbeitszylinder hineinzuschieben brauchen. Es wäre also durchaus verkehrt, wenn wir aus den bei den vorhandenen Zweitaktmaschinen auftretenden Ladewiderständen Schlüsse ziehen wollten bezüglich der Widerstände bei dem hier beschriebenen Zweitaktverfahren.

Das natürlichste Arbeitsverfahren einer Maschine, bei der die oben gestellten Bedingungen erfüllt werden sollen, scheint nun bei oberflächlicher Betrachtung dasjenige zu sein, das im Diesel-Motor für flüssige Brennstoffe Anwendung findet. Im Arbeitszylinder wird reine Luft komprimiert und in einer besonderen Pumpe der Brennstoff auf einen höheren Druck gebracht, als der Kompressionsenddruck im Arbeitszylinder beträgt. Bei Beginn des Kolbenvorganges wird dann der Brennstoff durch diesen Überdruck in den Arbeitszylinder eingeführt und er entzündet sich hier an der durch die hohe Kompression auf die Entzündungstemperatur erhitzten Luft. Bei näherer Untersuchung erkennen wir jedoch, daß dieses Arbeitsverfahren durchaus keine zwangsläufige Regelung der Verbrennung darstellt. Das Wesen einer solchen ist ja das, daß die in jedem Augenblick eintretende Brennstoffmenge bei allen Arbeitsspielen immer die gleiche ist und immer in genau demselben Verhältnis zur Kolbengeschwindigkeit steht. Die in jedem Zeitelement eintretende Brennstoffmenge hängt von der augenblicklichen Geschwindigkeit des Strömens ab, und da es praktisch unmöglich ist, bei einer in zwei Zylindern vollständig getrennt durch-

geführten Kompression immer genau den gleichen Überdruck
zu erzeugen, so ist es auch vollkommen ausgeschlossen, diese
Geschwindigkeit, die doch lediglich eine Funktion des Überdruckes ist, immer genau auf der gleichen Höhe zu halten.
Außerdem steht diese Geschwindigkeit und damit die in jedem
Zeitelement eintretende Brennstoffmenge in gar keinem Zu-
sammenhang mit der Kolbengeschwindigkeit, und es ist daher
eine zwangläufige Regelung der Verbrennung von vorneherein
ausgeschlossen. Infolge des Überdruckes schießt der Brennstoffstrahl, sobald das Einströmventil geöffnet wird, mit großer Geschwindigkeit in den Arbeitszylinder hinein, unbekümmert darum,
daß die Kolbengeschwindigkeit in dem ersten Teile des Kolbenvorganges noch sehr gering ist, und wenn nun jedes Brennstoffteilchen, sobald es in den Arbeitszylinder eingetreten ist, auch
entzündet würde, so würde eine explosionsartige Spannungszunahme eintreten, durch die nicht nur die ununterbrochene
Einströmung des Brennstoffes gehemmt, sondern auch unter
Umständen die Flamme in das Einströmventil und die Brenn-
stoffleitung zurückgetrieben würde. Daß derartige Explosionen,
wie sie bei den ersten Versuchen im Diesel-Motor häufig vor-
kamen, später vermieden wurden, hat seinen Grund darin, daß
durch Änderung der Einströmungsorgane des Brennstoffs, die
nach langem Probieren entstand, die Verbrennung der eintretenden Brennstoffteilchen verzögert wurde. Der bei dem außerordentlich großen Überdruck von 10 bis 15 at mit großer Geschwindigkeit in den Arbeitszylinder eintretende Brennstoffstrahl, der
aus einem Gemisch von Luft und fein verteiltem Petroleum-
staub besteht, entzündet sich sofort bei seinem Eintritt an der
in diesem Zylinder befindlichen heißen Luft. Es entzündet sich
jedoch nur die Spitze des eintretenden Strahles an dieser heißen
Luft, denn da dieselbe durch den Strahl selbst zurückgedrängt
wird, so erfolgt die weitere Zündung der neu eintretenden
Brennstoffteilchen in genau derselben Weise, wie bei Explosionsmaschinen durch eine gegenseitige Zündung derselben. Da nun
die natürliche Zündgeschwindigkeit derartiger Gemische wesentlich kleiner ist als die Geschwindigkeit, mit der der Brennstoffstrahl durch den hohen Überdruck eingeblasen wird, so wird
die Flamme von der Einströmdüse weggeblasen und sie kommt
erst da zur Ruhe, wo infolge der Vergrößerung des Strahl-

querschnittes die Strömungsgeschwindigkeit gleich der Zündgeschwindigkeit geworden ist (vgl. Fig. 11). Es verbrennt also
durchaus nicht jedes Brennstoffteilchen, sobald es die Einström-
öffnung verlassen hat, sondern
erst dann, wenn es in die
Flammenzone hineingekommen
ist. Hauptsächlich durch diese
Verzögerung der Verbrennung,
die im Grunde genommen genau
dasselbe ist wie eine schleichende
Verbrennung bei Explosionsmaschinen, ist es ermöglicht,
eine explosionsartige Spannungszunahme zu vermeiden und die
Verbrennung anscheinend regelmäßig und zwangläufig zu machen.

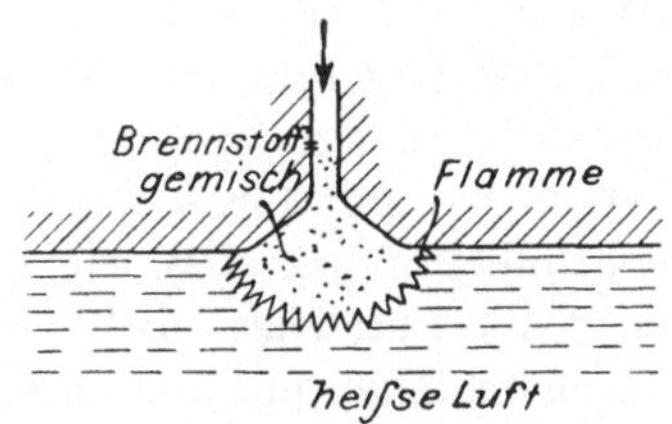

Fig. 11.

Es würde zu weit führen, wenn wir hier auf alle die inter-
essanten Momente eingehen wollten, die sich bei einer aus-
führlichen Betrachtung des Verbrennungsvorganges im Diesel-
Motor ergeben. Für uns kommt hier nur der Umstand in Betracht, daß eine derartige nur scheinbar zwangläufig geregelte
Verbrennung nur dann mit hinreichender Sicherheit durchgeführt werden kann, wenn es möglich ist, den Brennstoff oder
vielmehr das brennbare Gemisch in einem allseitig geschlossenen
und möglichst ohne Wirbelungen sich erbreiternden Strahl in
die heiße Luft einzuführen.

Eine solche Regelmäßigkeit des eintretenden Strahles ist
aber nur bei flüssigen Brennstoffen — und auch hier nur bei
kleineren Leistungen — zu erreichen, bei denen das zu jedem
Arbeitsspiel erforderliche Volumen sehr gering ist und daher
sich der ganze oben geschilderte Verbrennungsvorgang im kleinen
abspielt. Bei gasförmigen Brennstoffen dagegen, bei denen in
jedem Arbeitsspiel ein großes Brennstoffvolumen zur Verbrennung gebracht werden muß, ist es nicht mehr möglich, mit
der nötigen Sicherheit einen derartigen allseitig geschlossenen
Strahl zu erzeugen. Das Dieselsche Arbeitsverfahren ist also
für gasförmigen Brennstoff und überhaupt für größere Leistungen
ungeeignet, da bei demselben dann die Verbrennung noch viel
unregelmäßiger wird als bei Explosionsmaschinen.

Auch würde die Kompression des Gases auf den zur Einführung desselben in den Verbrennungsraum nötigen Überdruck

bei dem großen Gasvolumen einen zu bedeutenden Arbeitsverlust bedeuten und die negative Arbeit der Gaspumpe zu sehr erhöhen.

Wir müssen also einen anderen Weg suchen, auf dem eine zwangläufige Regelung der Verbrennung bei gasförmigen Brennstoffen zu erreichen ist. Eine Einführung des Gases in den Verbrennungsraum durch Überdruck scheitert, wie wir sahen, hauptsächlich daran, daß wir in diesem Falle die Geschwindigkeiten des Gasstromes nicht beherrschen. Diese Möglichkeit, die Geschwindigkeiten und damit die in jedem Augenblick eintretenden Brennstoffmengen sicher zu beherrschen, ist vielmehr nur dann gegeben, wenn am Ende der Kompression Gas und Luft genau die gleiche Spannung haben. In diesem Falle können wir das Gas aus dem Raume, in dem es komprimiert wurde, einfach in den Verbrennungsraum durch einen passend angeordneten Verdrängerkolben hinüberschieben und wenn auch während der Verbrennung die Spannung konstant bleibt, so ist die Geschwindigkeit, mit der das Gas in den Verbrennungsraum eintritt, vollkommen abhängig von der Geschwindigkeit eines zwangläufig bewegten Organes der Maschine. Diese Geschwindigkeit des Verdrängerkolbens kann mit Leichtigkeit in ein solches Verhältnis zur Kolbengeschwindigkeit gebracht werden, daß in jedem Zeitelement gerade so viel Gas in den Verbrennungsraum eintritt, als nötig ist, um die Spannung während der Verbrennung weder steigen noch fallen zu lassen.

Wir erkennen also, daß eine zwangläufige Regelung der Verbrennung, also die Grundbedingung für die Vervollkommnung der Verbrennungsmaschine, sich nur bei Anwendung des Gleichdruckverfahrens durchführen läßt, und es ist dies neben der Überlegenheit desselben über das Explosionsverfahren in wärmetechnischer Beziehung das wichtigste und ausschlaggebende Moment, das zugunsten des Gleichdruckverfahrens spricht.

Um zu bewirken, daß nun auch jedes Gasteilchen, wenn es in den Verbrennungsraum eingetreten ist, entzündet wird und verbrennt, dürfen wir uns auch nicht, wie es im DieselMotor geschieht, auf die Entzündung der Spitze des Gasstromes durch die im Verbrennungsraume enthaltene heiße Luft beschränken, sondern wir müssen den Gasstrom während der ganzen Dauer seines Eintritts ununterbrochen neu entzünden, um die tatsächliche Verbrennung von der natürlichen Zündgeschwindigkeit unabhängig zu machen und um zu bewirken, daß jedes Brennstoffteilchen auch wirklich in dem Augenblick verbrennt, in dem es verbrennen soll. Diese ununterbrochene Zündung ist jedoch auch noch mit einer Schwierigkeit verbunden. Bei der großen Geschwindigkeit, die wir zur Verringerung des erforderlichen Querschnittes den Gasteilchen geben müssen, müssen wir, wenn wir z. B. durch einen glühenden Körper zünden wollten, diesem eine sehr hohe Temperatur mitteilen, da die Zeit, die zur Erwärmung der einzelnen Gasteilchen bis auf die Entzündungstemperatur zur Verfügung steht, bei der schnellen Bewegung derselben außerordentlich kurz ist. So können wir z. B. einen leicht zündbaren Gas-Luft-Strom durch ein stark glühendes Rohr hindurchblasen, ohne daß er sich entzündet, wenn nur die Geschwindigkeit desselben groß genug ist. Es ist also auf jeden Fall erforderlich, daß der zündende Körper und der zu zündende einen Augenblick in relativer Ruhe sich befinden, und dies wird am sichersten erreicht, wenn wir mit dem Gasstrom einen bis über die Entzündungstemperatur erhitzten Luftstrom während der ganzen Dauer der Einströmung zusammenführen, so daß das Gas und die heiße Zündungsluft sich an der Stelle, an der die Zündung stattfinden soll, mischen und dadurch in relative Ruhe kommen. Die Erwärmung dieser Zündungsluft über die Entzündungstemperatur darf nun nicht allein durch die Kompression bewirkt werden, da wir einerseits in bezug auf die Höhe der Kompression nicht von der Erreichung der Entzündungstemperatur abhängig sein dürfen, andererseits aber die Erwärmung der Luft einen so hohen Grad über die Entzündungstemperatur erreichen muß, daß auch bei einer Abnahme der Kompressionsendspannung, wie sie durch Undichtigkeiten hervorgerufen werden kann, immer noch eine sichere Zündung stattfindet. Wir können dies bewirken, wenn wir die Zündungsluft vor der Kompression möglichst hoch, z. B. durch die Abgase, erwärmen, da dann schon bei verhältnismäßig niedrigen Kompressionsendspannungen die Entzündungstemperatur erreicht wird.

Vor der Zündung muß natürlich das Gas noch mit der zur Verbrennung nötigen Luft gemischt werden. Doch macht diese Mischung keine Schwierigkeiten, wenn nur die Luft, die natürlich dem Kompressionsraum des Arbeitszylinders entnommen wird, die also dieselbe Spannung hat wie das Gas, in der richtigen Weise geleitet und in Bewegung gesetzt wird. Wenn wir annehmen, daß am Ende der Kompression in allen Räumen der gleiche Druck herrscht, so handelt es sich ja auch hier wieder einfach um eine Verschiebung aus einem Raum in den andern, die entweder durch einen besonderen Verdränger geschehen kann, oder aber durch die Saugwirkung des in den Verbrennungsraum eintretenden Gasstromes. Es sind ja hier, da die Spannung überall die gleiche ist, genau dieselben Verhältnisse gegeben, unter denen bei atmosphärischer Spannung eine Bunsenflamme sich bildet, und wir brauchen also nur das Prinzip der Bunsenflamme in dem Verbrennungsraum der Maschine zur Anwendung zu bringen. Durch entsprechende Kanäle oder Rohre entnehmen wir die zur Verbrennung nötige Luft einem Teile dieses Raumes, in den infolge der Gestaltung desselben die Verbrennungsgase entweder gar nicht oder erst gegen Ende der Verbrennung vordringen, und bewirken eine Bewegung dieser Luft durch die Saugwirkung des Gasstromes selbst. Da hierbei keine nennenswerten Widerstände zu überwinden sind, wird selbst bei kleinster Gasgeschwindigkeit, also sofort bei Beginn der Gasströmung schon ein hinreichendes Ansaugen der Luft stattfinden, und die angesaugte Luftmenge wird bei allen Geschwindigkeiten nahezu proportional der Gasgeschwindigkeit, also der zur Verbrennung gelangenden Gasmenge sein.

Die innige Mischung zwischen Gas und Luft ist natürlich bedingt durch den Grad der Verteilung, mit dem sie zusammengeführt werden, und es ist deshalb auf die konstruktive Durchbildung dieses Teiles besonderer Wert zu legen. Diese Art der Luftbewegung und Mischung wird vor allem dadurch begünstigt, daß bei den in Betracht kommenden Kraftgasen das Volumen der zur Verbrennung nötigen Luft nicht wesentlich größer ist als das Gasvolumen, und daß das Gesamtmischungsverhältnis einen genügend großen Luftüberschuß aufweist.

Die größte Schwierigkeit bestand nun lange Zeit darin,

zu bewirken, daß Gas und Luft in zwei verschiedenen Räumen komprimiert werden und doch am Ende der Kompression genau die gleiche Spannung besitzen, und die Lösung dieser wichtigsten und für die Erreichung des Zieles grundlegenden Aufgabe gelang erst aus der Überlegung, daß Gas und Luft sich in einem möglichst engen Rohr direkt berühren können, ohne daß bei dem kleinen Berührungsquerschnitt eine wesentliche Mischung, wenigstens nicht bei der äußerst kurzen Zeit der Berührung stattfindet. In einem solchen engen Rohr ist außerdem die Berührungsstelle zwischen Gas und Luft einer derartig intensiven und absolut sicheren Kühlung zugänglich, daß selbst bei den höchsten in Betracht kommenden Spannungen Frühzündungen vollkommen ausgeschlossen sind. Aus dieser Überlegung gelang es, ein Arbeitsverfahren zu finden, das in der denkbar einfachsten Weise nicht nur die Schwierigkeit der gleichen Kompression, sondern auch alle andern Schwierigkeiten überwindet.

E. Arbeitsverfahren einer Verbrennungsmaschine mit zwangläufig geregelter Verbrennung.

Zwei Zylinder a und b, deren Hub wir der Einfachheit halber als gleich annehmen wollen, seien durch ein langes, möglichst enges Rohr c miteinander verbunden (Fig. 12). Die Seite des Rohres c, die mit dem Zylinder b in Verbindung steht, sei durch ein zum Rohr hin sich öffnendes Rückschlagventil abgeschlossen. Der Kompressionsraum sei in Zylinder a wesentlich größer als in Zylinder b. Bei der in beiden Zylindern gleichzeitig beginnenden Verdichtung befinde sich im Zylinder a und Rohr c bis zum Rückschlagventil d Luft, in Zylinder b Gas. Das Gas ist durch Punkte, die Luft durch kleine Striche gekennzeichnet.

Wenn nun beide Kolben e und f vollkommen gleichläufig nach oben gehen, so wird während der Verdichtung die Spannung in beiden Zylindern immer die gleiche sein. Das Gas wird während derselben durch das Rückschlagventil d hindurch in das Rohr c hineingedrückt, da der Kompressionsraum in b

verschwindend klein ist gegenüber dem Kompressionsraum in *a*.
Er besteht in *b* nur aus dem unvermeidlichen schädlichen
Raum. Entsprechend dem Vordringen des Gases wird die Luft
in dem Rohr nach links zurückgedrängt, und das Gas wird so
weit vordringen, wie seinem Volumen und den Abmessungen
des Rohres entspricht (Fig. 13). Ein Vermischen von Gas und
Luft ist bei dem kleinen Querschnitt, in dem sich beide berühren, abgesehen von einer ganz unbedeutenden Mischung an
dieser Berührungsstelle vollkommen ausgeschlossen, besonders
da auch zu einem solchen Vermischen bei normalem Lauf der
Maschine viel zu wenig Zeit zur Verfügung steht.

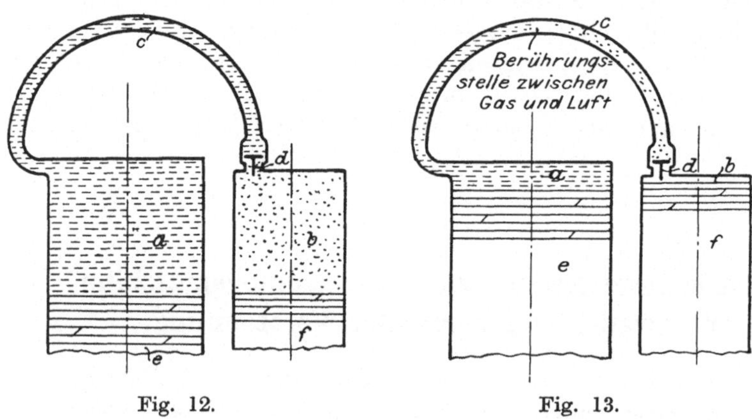

Fig. 12.   Fig. 13.

Wenn nun die Kurbel des Kolbens *f* derjenigen des Kolbens *e* um einen kleinen Winkel vorauseilt, so wird das Gas
während der auch hier wieder infolge der Steuerung gleichzeitig
in beiden Zylindern beginnenden Verdichtung weiter nach links
in dem Rohr *c* vordringen, als bei dem oben angenommenen
Falle, da jetzt schon alles Gas in dieses Rohr hineingeschoben
sein muß, wenn die Maximalspannung und damit das Minimalvolumen des Gases noch nicht erreicht ist. Von dem Augen-
blicke an, wo der Kolben *f* seinen Totpunkt erreicht hat, wo
also ein weiteres Einschieben von Gas aufhört, wird dann der
Inhalt der Räume *a* und *c* durch den Kolben *e* allein weiter
verdichtet und nun das Gas bei geschlossenem Rückschlagventil *d* durch die von links her in das Rohr *c* eingepreßte

Luft wieder nach rechts hin zusammengedrückt, bis bei der Totpunktlage des Kolbens a das Minimalvolumen des Gases und damit auch die in dem zuerst angenommenen Falle bewirkte Lage des Berührungsquerschnittes zwischen Gas und Luft erreicht ist (Fig. 13).

Die Hauptsache bei dem hier angenommenen Falle, wenn der Kolben f dem Kolben e voreilt, ist die, daß die Arbeit der Gaspumpe verringert wird, da dieselbe das Gas nicht bis auf die Maximalspannung zu verdichten braucht, und daß die Maximalspannung im Pumpenzylinder kleiner ist, als die im Arbeitszylinder erreichte, also kleiner als die höchste Spannung des Arbeitsprozesses. Es ist leicht einzusehen, daß die Maximalspannung im Pumpenzylinder um so kleiner wird, je größer der Voreilwinkel zwischen Pumpenkurbel und Arbeitskurbel ist. Andererseits wird aber das Gas, je größer dieser Voreilwinkel ist, um so weiter in dem Rohr c nach links hin vordringen, und wenn ein Heraustreten des Gases aus der mit dem Arbeitszylinder a in Verbindung stehenden Seite des Rohres, dessen maximal zulässige Länge dadurch bedingt ist, daß sein Rauminhalt einen Teil des Verdichtungsraumes des Arbeitszylinders bildet, vermieden werden soll, so darf der Voreilwinkel nicht zu groß gewählt werden. Durch die im Pumpenzylinder zulässige Maximalspannung ist also die untere Grenze und durch den Rauminhalt des Rohres die obere Grenze für diesen Voreilwinkel festgelegt, und der Konstrukteur hat zwischen diesen Grenzen den Voreilwinkel·anzunehmen.

Ein Heraustreten des Gases aus der mit dem Arbeitszylinder in Verbindung stehenden Seite des Rohres muß ja aus dem Grunde sicher vermieden werden, weil sonst gerade die für Frühzündungen gefährlichste Berührungsstelle zwischen Gas und Luft in einen Raum gelangen würde, in dem wegen der Größe und Ausdehnung desselben eine genügend sichere Kühlung des Gases nicht mehr möglich ist. Das Wesentliche des Arbeitsverfahrens ist ja eben das, daß die höchste und darum gefährlichste Verdichtung des Gases in einem Raum stattfindet, der leicht konstruktiv so gestaltet werden kann, daß eine äußerst wirksame und deshalb zuverlässige Kühlung möglich ist, und zugleich mit der Erfüllung dieser Bedingung, wodurch wir beliebig hohe Kompressionsspannungen erreichen können, haben wir in der denkbar einfachsten Weise eine Verbundwirkung erzielt, durch die die negative Arbeit des Pumpengetriebes auf ein Minimum gebracht wird.

Ein Heraustreten des Gases aus dem Rohr c während der Kompression muß auch aus dem Grunde vermieden werden, weil dann die Möglichkeit, die Verbrennung aller Gasteilchen zwangläufig zu regeln, aufhören würde, weil die Grundbedingung hierfür die ist, daß alle in den Verbrennungsraum während der Verbrennungsperiode einzuführenden Gasteilchen geschlossen zusammen bleiben. Es befindet sich nun am Ende der Kompression die ganze Gasmenge in dem Rohr c und zwar an der Seite desselben, an der das Rückschlagventil d liegt. Wenn wir also die ganze Gasmenge bis auf den letzten Rest zum Zwecke der Verbrennung in den Arbeitszylinder, dessen Kolbenspiel als Verbrennungsraum ausgebildet wird, überführen wollen, so müssen wir zunächst eine Verbindung zwischen dieser

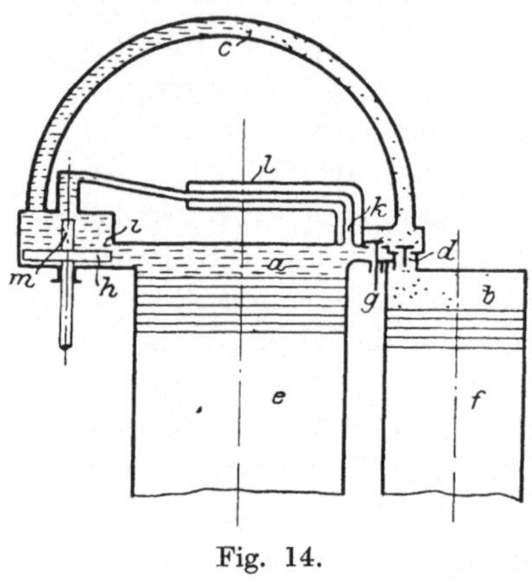

Fig. 14.

rechten Seite des Rohres und dem Arbeitszylinder herstellen. Dann schließen wir die Verbindung der linken Seite des Rohres mit dem Arbeitszylinder ab und schieben durch einen Verdrängerkolben den Inhalt des Rohres, also an erster Stelle das Gas, in den Verbrennungsraum hinein. Das Abschließen der linksseitigen Verbindung des Rohres mit dem Arbeitszylinder wird vorteilhaft durch den Verdrängerkolben selbst bewirkt, kann aber auch durch ein besonderes Organ erfolgen. In Fig. 14 ist das Arbeitsverfahren schematisch dargestellt.

Bei Beginn des Kolbenvorganges, wenn also die Verbrennung erfolgen soll, wird das gesteuerte Ventil g, das natürlich auch durch einen Schieber ersetzt werden kann, geöffnet und der Verdrängerkolben h nach oben bewegt mit einer Geschwindigkeit, die immer in einem bestimmten Verhältnis zur Kolbengeschwindigkeit des Arbeitskolbens e steht; hierbei schließt derselbe zunächst die Öffnung i ab und schiebt dann das im Rohr c befindliche Gas und zuletzt noch der Sicherheit wegen einen Teil der hinter dem Gas befindlichen Luft durch das Ventil g hindurch in den Arbeitszylinder a hinüber, wo es durch die durch das Rohr k ununterbrochen zugeführte Zündungsluft entzündet wird. Da nun bei konstant bleibender Spannung die Geschwindigkeit des Verdrängerkolbens h allein bestimmend ist für die Menge der in jedem Zeitelement zur Verbrennung gelangenden Gasteilchen, so sind wir auch allein durch die richtige Bemessung dieser Geschwindigkeit in der Lage, den Gaszufluß so zu regeln, daß eine Spannungsänderung während der Verbrennung möglichst vermieden wird. Doch auch selbst bei einer Änderung der Spannung, wie sie z. B. infolge der Schwankungen des Heizwertes des verbrennenden Gases eintreten kann, wird die Zwangläufigkeit der Verbrennung nicht beeinträchtigt, da dann, wie wir später sehen werden, ein eigenartiger Vorgang der Selbstregelung eintritt, der absolut sicher und immer in derselben Weise erfolgen muß. Wir können also durch die Anwendung dieses Arbeitsverfahrens bewirken, daß die Verbrennung durch die mechanisch bewegten Organe der Maschine vollkommen beherrscht wird, und es ist damit die wichtigste Bedingung, die bei einer Verbrennungsmaschine erfüllt sein muß, die zwangläufige Regelung der Verbrennung, erreicht.

Die in dem Rohr k befindliche Zündungsluft, die durch den Heizmantel l vorgewärmt wurde, wird am besten in derselben Weise wie das Gas durch einen als besonderer Verdränger ausgebildeten Ansatz m des Verdrängerkolbens h bewegt. Bezüglich der Art und Weise, wie die Temperatur dieser Zündungsluft so hoch gebracht wird, daß sie das Gemisch entzündet, ist noch folgendes zu bemerken:

Die Temperatur derselben muß, um eine sichere Zündung zu bewirken, mindestens etwa 800^{0} C, also 1073^{0} abs., betragen. Wenn wir als Anfangstemperatur 300^{0} abs., also 27^{0} C annehmen, so steigt die Temperatur durch eine Kompression auf 25 at bei einem Exponenten $n = 1{,}4$ auf 753^{0} abs. Diese Temperatur ist also noch zu niedrig, um damit die Zündung bewirken zu können. Wollen wir nun die Kompression nicht noch mehr steigern, so müssen wir die zur Zündung bestimmte Luft vor der Kompression vorwärmen. Bei einer Vorwärmung auf 227^0 C, also auf 500^0 abs., berechnet sich die Endtemperatur bei 25 at Spannung zu 1254^0 abs. Diese Temperatur reicht also zur Zündung vollkommen aus. Die Zündungstemperatur von 1073^0 abs. wird sogar schon in diesem Falle, bei einer Vorwärmung auf 500^0 abs., durch eine Verdichtung auf 14,5 at erreicht. Es könnte also bei dieser Art der Zündung die erreichte Maximalspannung durch Undichtigkeiten von 25 at auf 14,5 at abnehmen, ohne daß die Zündung versagte, und wir sehen, daß wir eine außerordentlich große Sicherheit in bezug auf die Zündung haben.

Eine genügende Vorwärmung der Zündungsluft können wir also mit Sicherheit noch durch die Abgase bewirken, so daß eine Heizflamme nur für die Inbetriebsetzung der Maschine nötig ist. Bei Leerlauf wird diese Vorwärmung durch die Abgase natürlich etwas geringer sein, aber bei der übermäßig großen Sicherheit in bezug auf die Erreichung der Entzündungstemperatur wird dann immer noch eine sichere Zündung erfolgen.

Bei der Vorwärmung der Zündungsluft ist noch folgendes zu beachten:

Wenn wir die Luft in einem Rohr, das an beiden Seiten mit dem Zylinder in Verbindung steht, komprimieren, so findet eine Luftbewegung aus dem Zylinder in dieses Rohr hinein statt, weil nur hierdurch sich die Verdichtung bis in das Rohr hinein fortpflanzen kann. Diese Luftbewegung erfolgt im allgemeinen von beiden Seiten her im Verhältnis der betreffenden Querschnitte. Bei dem in Fig. 14 angegebenen Zündungsluftrohr k würden also die Luftteilchen, die sich bei Beginn der Kompression innerhalb des Heizmantels l befinden, zum Teil nach links zurückgeschoben und dafür Luftteilchen in den Heizmantel eintreten, die schon infolge der Kompression eine Temperatur gleich derjenigen des Heizmantels besitzen, bei denen also die Wirkung des Heizmantels weder stattgefunden hat noch stattfinden wird. Es würden sich also bei der Bewegung der Luftsäule, wie sie nachher zum Zwecke der Zündung bewirkt wird, an der Spitze des Luftstromes Luftteilchen befinden, die vielleicht die Entzündungstemperatur noch nicht ganz erreicht haben, und hierdurch könnte die Zündung unsicher werden.

Wenn nun auch diese Gefahr bei normalem Betrieb kaum besteht, weil die während der Kompression in den geheizten Teil des Zündungsluftrohres eintretenden Luftteilchen an der Seite, an der nachher die heiße Luft austritt, aus dem Verbrennungsraum kommen, also schon infolge der heißen Wandungen desselben vorgewärmt sind, so können wir doch in einfachster Weise die Sicherheit der Zündung wesentlich erhöhen. Wenn wir nämlich an dieser Seite das Zündungsluftrohr über die Stelle, wo es mit der Zündstelle in Verbindung steht, hinaus verlängern und am Ende dieser Verlängerung abschließen, so kann bei richtiger Bemessung dieses nunmehr hinzugefügten Raumes infolge der auch in diesen Raum hinein stattfindenden Luftbewegung die in entgegengesetzter Richtung, also in den geheizten Teil des Zündungsluftrohres hinein stattfindende Luftbewegung vollständig aufgehoben werden, sodaß also beim Ausschieben der Luftsäule zum Zwecke der Zündung auf jeden Fall über die Entzündungstemperatur erhitzte Luftteilchen an der Spitze des Luftstromes sich befinden.

Wir wollen nunmehr zu einer genauen rechnerischen Untersuchung des Arbeitsverfahrens übergehen, da wir hieraus erst sicher erkennen können, ob nicht irgend eine praktische Unmöglichkeit die Durchführung desselben verhindert.

F. Rechnerische Untersuchung des Arbeitsverfahrens.

1. Bestimmung der Konstanten des Brennstoffs und der Verbrennungsprodukte.

Als Brennstoff soll Kraftgas aus Anthrazit angenommen werden, nach der in Güldner, „Verbrennungsmotoren" S. 453 angegebenen Tabelle (siehe folgende Seite).

Aus dem „Taschenbuch der Hütte" sind die spezifischen Wärmen c_p und c_v der einzelnen Bestandteile des Gases, bezogen auf die Gewichtseinheit, entnommen.

Die spezifische Wärme c'_p des Gases, bezogen auf 1 cbm, Konstanten ist also des Gases.

Zusammensetzung des Kraftgases	1 cbm Gas enthält		Heizwert H_u in cal
	cbm	kg	
Wasserstoff . . . . H	0,242	0,022	622
Sumpfgas . . . . CH_4	0,020	0,014	170
Kohlenoxyd . . . . CO	0,166	0,208	506
Kohlensäure . . . . CO_2	0,113	0,222	—
Stickstoff . . . . N	0,459	0,576	—
1 cbm Kraftgas bei 0^0 C und 760 mm Q. S. .	1.000	1,042	1298

$$c'_p = 0,022 \cdot 3,409 + 0,014 \cdot 0,5929 + 0,208 \cdot 0,245$$
$$+ 0,222 \cdot 0,2396 + 0,576 \cdot 0,2438$$
$$c'_p = 0,3279.$$

Die spezifische Wärme c_p des Gases, bezogen auf 1 kg, ist demnach

$$c_p = \frac{0,3279}{1,042} = 0,3147.$$

Die spezifische Wärme c'_v des Gases, bezogen auf 1 cbm, ist

$$c'_v = 0,022 \cdot 2,4119 + 0,014 \cdot 0,4679 + 0,208 \cdot 0,1736$$
$$+ 0,222 \cdot 0,1714 + 0,576 \cdot 0,1727$$
$$c'_v = 0,2332.$$

Die spezifische Wärme c_v des Gases, bezogen auf 1 kg, ist demnach

$$c_v = \frac{0,2332}{1,042} = 0,2238.$$

Das Verhältnis der spezifischen Wärmen, also der Exponent der adiabatischen Linie,

$$n = \frac{c}{c_v} \text{ ist also}$$

$$n = \frac{0,3147}{0,2238} = 1,406.$$

Das Volumen von 1 kg Gas bei 273^0 und 760 mm Q. S., das spezifische Volumen des Gases, ist

$$v = \frac{1}{1,042} = 0,9597 \text{ cbm}.$$

H verbrennt mit O zu H_2O nach der Formel

Ver-
brennung.

$$2H_2 + O_2 = 2H_2O$$
$$\underbrace{2+1}_{3} = \underbrace{2}_{2}$$

CH_4 verbrennt mit O nach der Formel

$$CH_4 + 2O_2 = CO_2 + 2H_2O$$
$$\underbrace{1+2}_{3} = \underbrace{1+2}_{3}$$

CO verbrennt mit O nach der Formel

$$2CO + O_2 = 2CO_2$$
$$\underbrace{2+1}_{3} = \underbrace{2}_{2}$$

Die Zusammensetzung der Verbrennungsprodukte ergibt sich wie folgt:

$$0{,}242 \text{ cbm } H \quad + 0{,}121 \text{ cbm } O = 0{,}242 \text{ cbm } H_2O,$$
$$0{,}02 \text{ cbm } CH_4 + 0{,}04 \text{ cbm } O = 0{,}02 \text{ cbm } CO_2 + 0{,}04 \text{ cbm } H_2O,$$
$$0{,}166 \text{ cbm } CO \quad + 0{,}083 \text{ cbm } O = 0{,}166 \text{ cbm } CO_2.$$

Es ist also zur Verbrennung

$$0{,}121 + 0{,}04 + 0{,}083 = 0{,}244 \text{ cbm } O$$

verbraucht worden.

Da nun in 1 cbm Luft $0{,}2133$ cbm O enthalten ist, so sind also für die Verbrennung von 1 cbm Gas $\dfrac{0{,}244}{0{,}2133} = 1{,}144$ cbm Luft verbraucht worden.

Durch die Verbrennung ist also noch $(1 - 0{,}2133) \cdot 1{,}144 = 0{,}9$ cbm N frei geworden.

Die Zusammensetzung der Abgase ist also, wenn wir ein Verhältnis Gas : Luft $= 1 : 5$ annehmen:

Luft	5 — 1,144	= 3,856 cbm
Stickstoff . .	0,9 + 0,459 . . .	= 1,359 cbm
Kohlensäure .	0,02 + 0,166 + 0.113	= 0,299 cbm
Wasserdampf .	0,242 + 0,04 . . .	= 0,282 cbm
		5,796 cbm

Wir erhalten also für die Abgase folgende Tabelle. Die Berechnung der einzelnen Bestandteile nach Kilogramm ist nach den im „Taschenbuch der Hütte" angegebenen spezifischen Gewichten (bei 0^0 C und 760 mm Q. S.) erfolgt. Die spezifischen Wärmen c_p und das Verhältnis $n = \dfrac{c_p}{c_v}$ sind demselben Buche entnommen (z. B. $0{,}2273 \cdot 0{,}4805 = 0{,}1092$).

Zusammensetzung der Abgase	Bestandteile der Abgase in		Spez. Wärme bei konst. Druck c_p	$n = \dfrac{c_p}{c_v}$
	cbm	kg		
Wasserdampf . . . . H$_2$O	0,282	0,2273	0,1092	1,30
Kohlensäure . . . . CO$_2$	0,299	0,5912	0,1417	1,40
Stickstoff . . . . . . N	1,359	1,7072	0,4162	1,41
Luft	3,856	4,9866	1,1843	1,41
Summe der Abgase . . .	5,796	7,5123	1,8514	

Aus dieser Tabelle berechnen sich noch folgende Werte:

Konstanten
der Abgase. Spezifische Wärme c_p der Abgase, bezogen auf 1 kg

$$c_p = \frac{1{,}8514}{7{,}5123} = 0{,}2464.$$

Verhältnis der spezifischen Wärmen der Abgase als Mittelwert aus den vier Werten nach dem Gewichtsverhältnis berechnet

$$n = 1{,}41.$$

Heizwert. Der Heizwert von 1 cbm Gas bei 273^0 und 760 mm Q. S. ist nach der Tabelle 1298 cal.

Der Heizwert von 1 kg Gas ist demnach

$$H' = \frac{1298}{1{,}042} = 1250 \text{ cal.}$$

Der Heizwert von 1 cbm Gas bei 300^0 und 1 at, also bei dem wirklichen Anfangszustand des Gases, ist demnach, wenn wir den geringen Unterschied zwischen 760 mm Q. S. und 1 at vernachlässigen (760 mm Q. S. $= 1{,}0333$ at)

$$H'' = \frac{1298 \cdot 273}{300} = 1180 \text{ cal.}$$

Die spezifische Wärme c_p der Luft, bezogen auf 1 kg, ist Konstanten der Luft.

$$c_p = 0{,}2375;$$

das Verhältnis der spezifischen Wärme ist

$$n = 1{,}41;$$

das Volumen von 1 kg Luft bei 273^0 und 760 mm Q. S., das spezifische Volumen der Luft, ist

$$v = \frac{1}{1{,}2932} = 0{,}7733 \text{ cbm.}$$

Wir sehen, daß der Exponent der Adiabate n sich sehr Ergebnisse. wenig ändert.

Es wurde gefunden:

$$n \text{ für Gas } = 1{,}406$$
$$n \text{ für Luft } = 1{,}41$$
$$n \text{ für Abgase } = 1{,}41.$$

Die Änderung der Konstanten durch die chemische Veränderung des Gemisches ist also verschwindend gering.

Wir nehmen als Exponent für die Expansion und die Kompression im Arbeitszylinder $n = 1{,}4$, für die Kompression des Gases in der Pumpe und dem gekühlten Rohr wegen der stärkeren Kühlung $n = 1{,}3$.

Der Rauminhalt dieses Rohres soll jedoch der Sicherheit wegen vorläufig so bemessen werden, als ob für die Kompression des Gases ebenfalls $n = 1{,}4$ sei, also eine wesentliche Kühlung nicht stattfände.

2. Bestimmung des Verhältnisses von Gas und Luft.

Zunächst müssen wir das zur Erzeugung eines Gleichdruckdiagrammes, wie es in Tafel I dargestellt ist, erforderliche Verhältnis von Gas und Luft bestimmt, ohne Rücksicht auf die zur Erzielung einer gegebenen Leistungen wirklich nötige Gasmenge.

Bei einer Höchstspannung $p_2 = 25$ at, einer Anfangsspannung $p_1 = 1$ at und einer Anfangstemperatur $T_1 = 300^0$ ist die Kompressionsendtemperatur der Luft

$$T_2 = 300 \cdot \left(\frac{25}{1}\right)^{\frac{0,4}{1,4}} = 753^{\,0},$$

und die Kompressionsendtemperatur des Gases

$$T'_2 = 300 \cdot \left(\frac{25}{1}\right)^{\frac{0,3}{1,3}} = 630^{\,0}.$$

Die Endtemperatur der Verbrennung sei

$$T_3 = 1400^0.$$

Es seien nun k_1 kg Luft und k_2 kg Gas in den Kreis-prozeß eingetreten, dann ist, wenn $H' =$ Heizwert pro Kilogramm, c_{p1} und c_{p2} die spezifischen Wärmen von Luft und Gas pro Kilogramm sind:

$$k_2 \cdot H' = c_{p2} \cdot k_2 \cdot (T_3 - T_2') + c_{p1} \cdot k_1 \cdot (T_3 - T_2)$$

und hieraus nach Einsetzung der Werte

$$\frac{k_1}{k_2} = \frac{1250 - 0,3147 \cdot 770}{0,2375 \cdot 647} = 6,55.$$

Es ist also das Verhältnis der Gewichte

$$\frac{\text{Gas}}{\text{Luft}} = \frac{1}{6,55}.$$

Für die Berechnung der erforderlichen Inhalte der einzelnen Räume ist jedoch das Verhältnis der Volumina von Gas und Luft maßgebend.

Wir hatten gefunden

$$\text{Volumen von 1 kg Gas} = 0,9597 \text{ cbm}$$
$$\text{Volumen von 1 kg Luft} = 0,7733 \text{ cbm}.$$

Es ist also bei 273^0 und 760 mm Q. S. und daher auch noch mit verschwindend kleinem Fehler bei 300^0 und 1 at, also bei dem wirklichen Ansaugezustand das Volumen-verhältnis

$$\frac{\text{Gas}}{\text{Luft}} = \frac{1 \cdot 0,9597}{6,65 \cdot 0,7733} = \frac{1}{5,3}.$$

Um die Größe des Kompressionsraumes bestimmen zu können, müssen wir noch das Volumenverhältnis von Gas und Luft bei beendeter Kompression, also bei 25 at Spannung berechnen.

Für Luft sei das Anfangsvolumen $= v_1$ bei der Anfangsspannung $p_1 = 1$ at, das Endvolumen $= v_2$ bei der Höchstspannung $p_2 = 25$ at, dann ist bei $n = 1,4$

$$\frac{v_1}{v_2} = \sqrt[1,4]{25} = 10.$$

Für Gas sei das Anfangsvolumen $= v'_1$ bei der Anfangsspannung $p_1 = 1$ at, das Endvolumen v'_2 bei der Höchstspannung $p_2 = 25$ at, dann ist bei $n = 1,3$

$$\frac{v_1'}{v_2'} = \sqrt[1,3]{25} = 12.$$

Bei der Kompressionsendspannung $p_2 = 25$ at ist also das Volumenverhältnis

$$\frac{\mathrm{Gas}}{\mathrm{Luft}} = \frac{\frac{1}{12}}{\frac{5,3}{10}} = \frac{1}{6,36}.$$

3. Verhältnis vom Kompressionsraum zum wirksamen Hubvolumen des Arbeitszylinders.

Um dieses Verhältnis bestimmen zu können, müssen wir zunächst den Druck bestimmen, den die im Kompressionraum

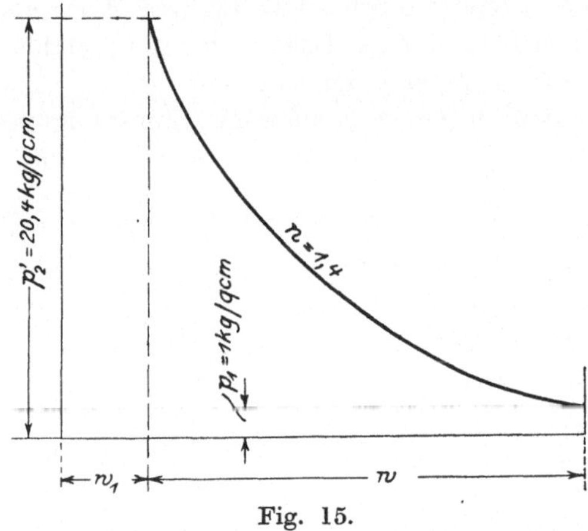

Fig. 15.

und im Hubraum des Arbeitszylinders abgeschlossene Luft bei der Verdichtung annehmen würde, wenn während dieser Verdichtung nicht auch noch Gas durch das Rückschlagventil hindurch in diesen Raum hineingepreßt würde. Das hierdurch ermittelte Kompressionsverhältnis gibt ja dann, wenn die in der Rechnung berücksichtigte Gasmenge noch hinzugepreßt wird, den verlangten Eindruck. Wir müssen deshalb von diesem gewünschten Enddruck ausgehen und rückwärts rechnen.

Das Volumenverhältnis beim Kompressionsenddruck von 25 at ermittelte sich zu $1:6{,}36$. In 7,36 Raumteilen sind also 6,36 Raumteile Luft, und wenn diese selbe Luftmenge bei Weglassung des Gases sich in dem Raum von 7,36 Raumteilen ausdehnen könnte, so würde die kleinere Spannung p'_2 entstehen, $p^1_2 = 25 \cdot \left(\dfrac{6{,}36}{7{,}36}\right)^{1{,}4} = 20{,}4 \text{ at.}$

Hieraus ergibt sich dann nach Fig. 15

$$\frac{w + w_1}{w_1} = \sqrt[1{,}4]{20{,}4} = 8{,}62 \text{ und } \frac{w}{w_1} = 7{,}62.$$

4. Volumen- und Druckdiagramme.

Am besten können wir das Arbeitsverfahren untersuchen mit Hilfe der bekannten Kolbenweg- oder Volumendiagramme, wobei wir uns die beiden Kolben, Arbeits- und Pumpenkolben, von rechts bzw. links in den zwischen ihnen liegenden Kompressionsraum hinein arbeitend denken.

Um zu erkennen, welchen Einfluß die Änderung des Voreilwinkels zwischen Pumpen- und Arbeitskurbel ausübt, wollen wir die Diagramme für zwei verschiedene Voreilwinkel durchführen.

In beiden Fällen nehmen wir an, daß die Auspuffschlitze vom Arbeitskolben bei einer Kurbelstellung von 35^0 vor bzw. hinter der äußeren Totlage freigelegt bzw. geschlossen werden. Der zugehörige Kolbenweg vom Beginn der Öffnung bis zur Totlage ist dann, wenn wir den Durchmesser des Kurbelkreises $= 100$ annehmen, $50 - 50 \cdot \cos 35^0 = 9{,}1$ also $9{,}1\,^0/_0$ des ganzen Kolbenweges.

Ebenso nehmen wir in beiden Fällen an, daß in der Gaspumpe das angesaugte Gas wieder in den Saugraum zurückgeschoben wird, bis zu dem Punkte, wo der Arbeitskolben die

Auspuffschlitze schließt, daß also die Kompression in beiden Zylindern zu gleicher Zeit beginnt.

Das Hubvolumen des Arbeitszylinders nehmen wir im Diagramm zu 330 mm an. Dann ist das für die Kompression wirksame Hubvolumen $= 330 \cdot (1 - 0{,}091) = 300$ mm.

Der Kompessionsraum wird dann durch $\dfrac{300}{7{,}62} = 39$ mm dargestellt.

Den schädlichen Raum des Pumpenzylinders nehmen wir zu 1 mm an, was ungefähr $1\,^0/_0$ des Pumpenvolumens gleichkommt.

a) Voreilung $= 30^0$.

In dem Idealdiagramm, Tafel I, Fig. 2, ist das wirksame Hubvolumen durch eine Strecke $= 200$ mm dargestellt. Das ganze Hubvolumen ist dann $\dfrac{200}{0{,}909} = 220$ mm. Über dieser Strecke ist der Kurbelkreis eingetragen und in denselben ein Winkel von 30^0 eingezeichnet. Wir erkennen dann, daß die Bewegungsumkehr des Pumpenkolbens bei einem Druck $= 12{,}5$ at erfolgt. Die Maximalspannung im Pumpenzylinder nehmen wir deshalb vorläufig $= 13$ at an.

Bei einem schädlichen Raume von $1\,^0/_0$ ergibt sich der volumetrische Wirkungsgrad der Gaspumpe nach Fig. 16 bei $n = 1{,}25$ aus

$$v_1 = \sqrt[1{,}25]{13} = 8, \text{ also } v = 7.$$

Der volumetrische Wirkungsgrad ist demnach $- 93\,^0/_0$.

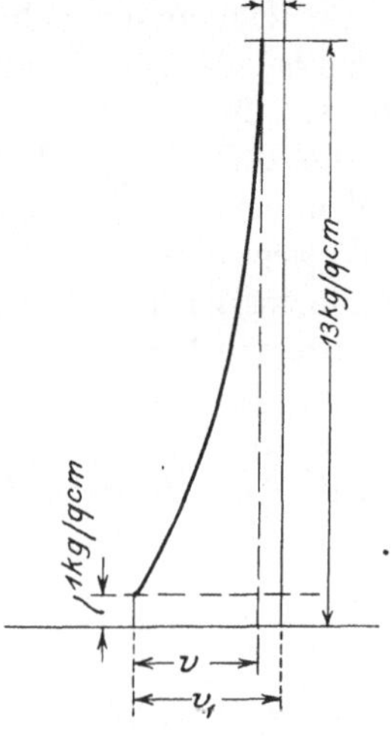

Fig. 16.

Durch das Zurückschieben des Gases in den Saugraum vor Beginn der Kompression gehen von dem Hubvolumen der Pumpe noch verloren, den Durchmesser des Kurbelkreises wieder $= 100$ angenommen

$$50 - 50 \cdot \cos 65^0 = 29\,^0/_0.$$

Das wirksame Hubvolumen beträgt also im ganzen $93 - 29 = 64\,^0/_0$.

Das in den Kreisprozeß eintretende Luftquantum ist im Diagramm dargestellt durch eine Strecke $= 339$ mm. Das erforderliche Gasvolumen ist daher, da das Verhältnis zwischen Gas und Luft $= 1:5,3$, durch eine Strecke $\dfrac{339}{5,3} = 64$ mm dargestellt. Demnach ist das ganze Hubvolumen der Gaspumpe $\dfrac{64}{0,64} = 100$ mm.

In dem Diagramm Tafel II sind nun die verschiedenen Räume

Hubvolumen des Pumpenkolbens . . . . . $= 100$ mm
Schädlicher Raum der Pumpe . . . . . . $= 1$ mm
Kompressionsraum des Arbeitszylinders . . $= 39$ mm
Hubvolumen des Arbeitskolbens . . . . . $= 330$ mm

nebeneinander aufgetragen und die zugehörigen Kolbenweglinien in bekannter Weise gezeichnet.[1]

Die zueinander gehörenden Punkte der Kurbelkreise und der Kolbenweglinien sind durch gleiche Ziffern 0 bis 20 bezeichnet. Bei Punkt 0 beginnt die Kompression, also nachdem die Arbeitskurbel einen Winkel von 35^0, die Pumpenkurbel einen solchen von $35 + 30 = 65^0$ von der Totlage an zurückgelegt hat.

Die zwischen den beiden Kolben liegenden Volumina, die den einzelnen Kurbelstellungen entsprechen, sind also durch die zwischen den beiden Kolbenweglinien liegenden Horizontalen z. B. $5 - 5$, $9 - 9$, gegeben.

Die Kompressionslinie $a\,b$ kann nunmehr durch punktweises Berechnen leicht gefunden werden nach der Gleichung

$$\frac{p_2}{p_1} = \left(\frac{v_1}{v_2}\right)^n.$$

Den Exponenten n bestimmen wir als Mittelwert aus dem Exponenten für Luft $n = 1,4$ und demjenigen für Gas $n = 1,3$. Da das Gewichtsverhältnis von Gas und Luft $= 1:6,55$ ist, so ist der mittlere Exponent $n = \dfrac{1 \cdot 1,3 + 6,55 \cdot 1,4}{7,55} = 1,38$.

---

[1] In Tafel II ist das Originaldiagramm auf $^1/_4$ verkleinert.

Mit diesem Exponenten ist die Kompressionskurve $a\,b$ berechnet worden. Die gleichzeitige Verzeichnung der Kompressionskurve $g\,h$ im Pumpendiagramm macht keine Schwierigkeiten, da bei den zueinander gehörigen Kurbelstellungen der Arbeits- und der Pumpenkurbel im Arbeits- und im Pumpenzylinder die gleichen Drucke herrschen.

Die Berechnung ergibt, daß bei der Kurbelstellung 16, bei der der Pumpenkolben seine Bewegungsrichtung ändert, eine Spannung von **13,5** at erreicht ist. Es ist dies also die **Maximalspannung im Pumpenzylinder**, da bei der weiteren Kurbeldrehung, nachdem sich das Rückschlagventil selbsttätig geschlossen hat, das im schädlichen Raum des Pumpenzylinders abgeschlossene Gas rückexpandiert (Kurve $h\,i$). Die Lage des Punktes i ist durch die obige Berechnung des volumetrischen Wirkungsgrades bestimmt ($7\,^0/_0$ von 100 mm $= 7$ mm). Vom Punkte i an wird dann wieder neues Gas in die Pumpe hineingesaugt (Kurve $i\,k$).

Inzwischen wird im Arbeitszylinder und im Kompressionsraum desselben das nunmehr rechts vom Rückschlagventil befindliche Gas- und Luftquantum durch den Arbeitskolben allein weiter verdichtet, während der Kurbeldrehung 16 bis 20. Die Rechnung ergibt, daß der Druck hierbei auf **25,2** at steigt. Dies ist also die **Maximalspannung im Arbeitszylinder**, da während der Verbrennung die Spannung nicht steigen soll.

Die Temperatur T_2 am Ende der Kompression berechnet sich, wenn wir die Temperatur T_1 am Anfang derselben $= 300^0$ annehmen, aus der Gleichung

$$\frac{T_2}{T_1} = \left(\frac{p_2}{p_1}\right)^{\frac{n-1}{n}} \text{ zu } T_2 = 730^0.$$

Die **Verbrennungslinie** $b\,c$ bestimmt sich nunmehr folgendermaßen:

Am Ende der Kompression sind im Kompressionsraum des Arbeitszylinders abgeschlossen 1 Gewichtsteil Gas und 6,55 Gewichtsteile Luft, da ja einem Volumenverhältnis $64:339 = 1:5,3$ ein Gewichtsverhältnis $1:6,55$ entspricht. Da es bei der Berechnung nur auf das Verhältnis der Gewichte, nicht auf die wirklichen Gewichte selbst ankommt, so können wir annehmen,

daß sich z. B. 1 kg Gas und 6,55 kg Luft im Zylinder befinden.

Die spezifische Wärme der Abgase pro 1 kg fanden wir
oben zu $c_p = 0,2464$, den Heizwert pro 1 kg zu $H' = 1250$ cal,
also ergibt sich die Temperatur T_3 am Ende der Verbrennung
aus

$$1250 = 0,2464 \cdot 7,55 \cdot (T_3 - 730) \text{ zu } T_3 = 1400^0.$$

Das Volumen am Ende der Verbrennung ergibt sich dann,
da das Volumen vor derselben bei der Temperatur $T_2 = 730^0$
durch eine Strecke $= 39$ mm dargestellt wurde, zu

$$39 \cdot \frac{1400}{730} = 74,8 \text{ mm}.$$

Die Länge der Verbrennungslinie $b\,c$ ist also

$$74,8 - 39 = \mathbf{35,8} \text{ mm}.$$

Die Expansionslinie $c\,d$ berechnet sich einfach als poly-
tropische Linie mit dem Exponenten $n = 1,4$ nach der Gleichung
$\frac{p}{p'} = \left(\frac{v'}{v}\right)^n$, wobei als Volumina natürlich nur der Kompressionsraum des Arbeitszylinders und das Kolbenvolumen desselben in
Betracht kommen, da ja nunmehr diese Räume gegen die
Pumpenräume durch das Rückschlagventil abgeschlossen sind.

Die Ausströmungslinie $d\,e$ ist nach dem Gefühl eingezeichnet, da sich die Geschwindigkeit des Druckausgleichs
nicht berechnen läßt. Während der Kolbenbewegung $e\,f$ und $f\,a$
findet dann das Ausblasen des Zylinders statt. Zu gleicher
Zeit schiebt der Pumpenkolben während der Kolbenbewegung $k\,g$
das angesaugte Gas in die Saugleitung zurück, bis im Punkte 0
nach Schließung des Saugventils und der Auspuffschlitze die
Kompression wieder beginnt.

Ein Planimetrieren der Diagrammflächen ergab:

$$\text{Arbeitsdiagramm} = 16\,650 \text{ qmm},$$
$$\text{Pumpendiagramm} = 880 \text{ qmm}.$$

Die Diagrammfläche der Pumpe ist also nur $\dfrac{880 \cdot 100}{16\,650}$
$= \mathbf{5,3}\,^0/_0$ der Diagrammfläche des Arbeitszylinders.

Mit Hilfe der Kolbenweglinien läßt sich auch untersuchen,
wie weit das Gas durch den Pumpenkolben in den **Aufnehmer**

— so wollen wir das gekühlte Rohr nennen — hineingedrückt wird, wie groß also der Inhalt dieses Aufnehmers sein muß, damit das Gas während des Verdichtungshubes nicht aus demselben heraustritt.

Wenn wir die Annahme machen, daß das Gas nach demselben Exponenten n komprimiert wird, wie die Luft, so bleibt auch das Volumenverhältnis von Gas und Luft immer dasselbe. Diese Annahme gibt in bezug auf die Bestimmung des Aufnehmervolumens die nötige Sicherheit, da das Gas ja während der Kompression in dem stark gekühlten Rohr wesentlich mehr gekühlt wird als die in dem übrigen Teil des Kompressionsraumes und im Zylinderraum befindliche Luft, also dementsprechend stark an Volumen abnimmt und daher nicht so weit in den Aufnehmer eindringt, als die Rechnung ergibt. Das Aufnehmervolumen kann deshalb um so kleiner ausgeführt werden, je wirksamer die Kühlung gemacht wird.

Die Bestimmung der Trennungslinie zwischen Gas und Luft ist nun bei dieser Annahme, daß das Volumenverhältnis konstant bleibt, äußerst einfach. Bei Beginn der Kompression ist im Pumpenzylinder und im schädlichen Raum desselben (im Diagramm = 72 mm) Gas abgeschlossen, im Arbeitszylinder und im Kompressionsraum (im Diagramm = 339 mm) Luft. Wir brauchen also nur die den einzelnen Kurbelstellungen entsprechenden, durch die horizontalen Linien 1—1, 2—2, 3—3 usw. dargestellten, zwischen den beiden Kolben liegenden Volumina in dem Verhältnis $\dfrac{72}{339}$ zu teilen und erhalten die Punkte 1', 2', 3' usw. Die diese Punkte verbindende Kurve zeigt also, welche Lage bei den einzelnen Kurbelstellungen diejenigen Gasteilchen einnehmen, die mit der Luft in Berührung stehen. Da diese Berührungsstelle zwischen Gas und Luft nun immer innerhalb des Aufnehmers bleiben soll, so können wir also aus dem Diagramm unmittelbar das mindestens erforderliche Volumen dieses Rohres entnehmen. Im vorliegenden Falle ist dieses Volumen durch eine Strecke von 15,5 mm dargestellt.

Der übrige Teil des Kompressionsraumes wird gebildet durch das Verdrängervolumen, den Rauminhalt der Kanäle und das Kolbenspiel des Arbeitskolbens. Das Verdrängervolumen muß natürlich mindestens gleich dem Volumen sein, das das

Gas am Ende der Kompression einnimmt. Dieses ist ohne Annahme einer Kühlung im Diagramm durch eine Strecke von 6 mm dargestellt. Das Minimum des Verdrängervolumens ist also auch = 6 mm, sodaß uns von den 39 mm Kompressionsraum noch $39 - 15{,}5 - 6 = 17{,}5$ mm für die übrigen Teile des Kompressionsraumes zur Verfügung stehen. Wir werden sehen, daß wir hiermit vollkommen ausreichen, sodaß also sogar bei dem verhältnismäßig großen Voreilwinkel von 30^0 die praktische Durchführung des Arbeitsverfahrens nicht daran scheitert, daß die für den Aufnehmer und den Verdränger erforderlichen Räume einen zu großen Teil des ganzen Kompressionsraumes einnehmen.

b) Voreilung = 20^0.

In den Kurbelkreis des Idealdiagrammes, Tafel I, Fig. 2 ist auch ein Winkel von 20^0 eingetragen, und wir erkennen, daß bei diesem Winkel die Maximalspannung im Pumpenzylinder etwa = 18 at wird.

Bei einem schädlichen Raum von $1\,^0/_0$ ergibt sich dann wieder der volumetrische Wirkungsgrad der Gaspumpe nach Fig. 16 bei $n = 1{,}25$ aus $v_1 = \sqrt[1,25]{18} = 10$, also $v = 9$. Der volumetrische Wirkungsgrad ist demnach $91\,^0/_0$.

Durch das Zurückschieben des Gases in den Saugraum vor Beginn der Kompression gehen von dem Hubvolumen der Pumpe (= 100) noch verloren $50 - 50 \cdot \cos 55^0 = 21\,^0/_0$.

Das wirksame Hubvolumen beträgt also $91 - 21 = 70\,^0/_0$.

Das zum Kreisprozeß erforderliche Gasvolumen bleibt natürlich wie vorher = 64 mm. Es wird demnach das ganze Hubvolumen der Gaspumpe $= \dfrac{64}{0{,}7} = 91$ mm.

In dem Diagramm Tafel III ist also[1])

Hubvolumen des Pumpenkolbens . . = 91 mm
schädlicher Raum der Pumpe . . . = 1 „
Kompressionsraum des Arbeitszylinders = 39 „
Hubvolumen des Arbeitskolbens . . . = 330 „

---

[1]) In Tafel III ist das Originaldiagramm auf $^1/_4$ verkleinert.

Die zugehörigen Kolbenweglinien sind wieder in bekannter Weise gezeichnet und die zueinander gehörenden Punkte durch gleiche Ziffern 0 bis 15 bezeichnet. Bei Punkt 0 beginnt wieder die Kompression, also nachdem die Arbeitskurbel einen Winkel von 35^0, die Pumpenkurbel einen solchen von $35^0 + 20^0 = 55^0$ von der Totlage an zurückgelegt hat.

Die Kompressionslinie ab bzw. gh ist wieder wie oben durch Rechnung punktweise ermittelt worden nach der Gleichung

$$\frac{p_2}{p_1} = \left(\frac{v_1}{v_2}\right)^n \cdots \text{mit } n = 1{,}38.$$

Die Berechnung ergibt, daß bei der Kurbelstellung 13, bei der die Pumpenkurbel im Totpunkt steht, eine Spannung von 18,4 at erreicht ist. Es ist dies also die **Maximalspannung im Pumpenzylinder.** Die Kurven hi bzw. ik sind wieder die Rückexpansions- und Ansaugelinie im Pumpendiagramm. Die Lage des Punktes i ist durch die obige Berechnung des volumetrischen Wirkungsgrades bestimmt ($9^0/_0$ von 91 mm $= 8$ mm).

Die **Maximalspannung im Arbeitszylinder** ergibt sich aus der Rechnung wieder zu 25,2 at.

Die Temperatur T_2 am Ende der Kompression ist dieselbe geblieben wie vorher, da die zur Berechnung derselben maßgebenden Größen dieselben geblieben sind, also $T_2 = 730^0$.

Ebenso bleiben auch die Verbrennungslinie bc, die Expansionslinie cd und die Ausströmungslinie de dieselben wie im Diagramm Tafel II.

Die **Trennungslinie zwischen Gas und Luft** ist auch wieder ebenso bestimmt wie vorher. Bei Beginn der Kompression ist das Gasvolumen $= 73$ mm, das Luftvolumen $= 339$ mm. Die zwischen den Kolbenweglinien liegenden Horizontalen 1—1, 2—2, 3—3 usw. sind also im Verhältnis $\frac{73}{339}$ zu teilen, und wir erhalten die Punkte $1'$, $2'$, $3'$ usw. der gesuchten Kurve. Durch dieselbe erkennen wir, daß das **Minimum des Aufnehmervolumens** durch eine Strecke von 12 mm dargestellt wird.

Das **Minimum des Verdrängervolumens** bleibt wie vorher $= 6$ mm. Es bleiben also von dem Kompressionsraum noch $39 - 12 - 6 = 21$ mm.

Ein Planimetrieren der Diagrammflächen ergab:

$$\text{Arbeitsdiagramm} = 16\,950 \text{ qmm,}$$
$$\text{Pumpendiagramm} = 1\,100 \text{ qmm.}$$

Die Diagrammfläche der Pumpe ist also

$$\frac{1100 \cdot 100}{16\,950} = 6{,}5\,{}^0/_0$$

der Diagrammfläche des Arbeitszylinders.

Die wirksame Diagrammfläche ist $16\,950 - 1100 = 15\,850$ qmm, also der wirksame mittlere Druck $= 4{,}8$ kg/qcm.

c) Diagramm bei halber Belastung.

Die Wirkungsweise einer Regulierung können wir am besten durch Aufzeichnen eines Diagrammes für geringere Belastung erkennen. In Tafel III ist ein solches Diagramm, das bei etwa halber Wärmezufuhr entsteht, durch gestrichelte Linien dargestellt.

Die Regulierung wird bei diesem Arbeitsverfahren einfach dadurch bewirkt, daß durch irgend eine Steuerung das Saugventil an der Gaspumpe länger offen gehalten wird als bei voller Belastung. Es wird also während des Kolbenrückganges das Gas nicht nur bis zu dem Punkt g, sondern bis zu dem Punkt g', in den Saugkanal zurückgeschoben, und bei g' beginnt also nach Schließung des Saugventils in der Gaspumpe die Kompression.

Mittlerweile hat jedoch im Arbeitszylinder beim Punkte a die Kompression schon begonnen. Der Kompressionsraum des Arbeitszylinders ist gegen den Pumpenraum durch das Rückschlagventil so lange abgeschlossen, bis das Gas durch die zwar später beginnende, aber wegen des sehr kleinen schädlichen Raumes wesentlich schneller ansteigende Kompression auf den Druck gebracht worden ist, der auch im Arbeitszylinder gerade herrscht. Ist dieser Druck erreicht, so öffnet sich das Rückschlagventil selbsttätig und die Überströmung beginnt.

Die Linien der Diagramme wurden wieder punktweise berechnet. Für die Kompressionslinie wurde wieder der Exponent $n = 1{,}38$ angenommen.

Zunächst findet die Kompression von Punkt 0 bis 8 im Arbeitszylinder allein statt. Es wurden also hierfür die Volumina: „Kompressionsraum $+$ augenblickliches Zylindervolumen des Arbeitszylinders" bei der Berechnung zugrunde gelegt. Im Pumpenzylinder beginnt die Kompression beim Punkte g'. Hier ist ein Gasvolumen $= 40$ mm im Pumpenzylinder und im schädlichen Raum desselben abgeschlossen. Die Rechnung zeigt, daß bei diesem Anfangsvolumen bei Punkt 8 im Pumpenzylinder der im Arbeitszylinder herrschende Druck erreicht ist. Dieser Druck berechnet sich hier zu 3,15 at.

Von Punkt 8 an wird in beiden Zylindern gemeinsam komprimiert, wobei das Gas durch das Rückschlagventil hindurch in den Aufnehmer geschoben wird. Von Punkt 13 an wird dann wieder im Arbeitszylinder und in dessen Kompressionsraum allein komprimiert, während in der Gaspumpe die Rückexpansion und darauf Ansaugen stattfindet.

Die Maximalspannung im Pumpenzylinder (bei Punkt 13) berechnete sich zu 16,4 at, die Maximalspannung im Arbeitszylinder zu 22,4 at, also beide etwas geringer als bei voller Belastung.

Es ist trotzdem bei der Rückexpansion $h' i$ dasselbe Endvolumen angenommen worden wie vorher bei $h i$, weil die Unterschiede ja äußerst gering sind. Wir kommen also zu demselben volumetrischen Wirkungsgrade der Pumpe, und es ist somit eine Gasmenge $= 31$ mm gefördert worden und in den Kreisprozeß eingetreten.

Die Temperatur am Ende der Kompression berechnet sich zu

$$T_2 = 706^0.$$

Zur Bestimmung der Endtemperatur der Verbrennung müssen wir zunächst das Gewichtsverhältnis zwischen Gas und Luft feststellen.

Das Volumenverhältnis $\dfrac{64}{339}$ bei voller Belastung entsprach einem Gewichtsverhältnis $\dfrac{1}{6,55}$, also entspricht ein Volumenverhältnis $\dfrac{31}{339}$ einem Gewichtsverhältnis

$$\frac{1}{6{,}55 \cdot \dfrac{64}{31}} = \frac{1}{13{,}52}.$$

Wir erhalten also für die Temperatur am Ende der Verbrennung die Gleichung

$$1250 = 0{,}2464 \cdot 14{,}52 \cdot (T_3 - 706)$$

und daraus

$$T_3 = 1055^0.$$

Das Volumen am Ende der Verbrennung ist demnach

$$39 \cdot \frac{1055}{706} = 58{,}2 \text{ mm,}$$

also die Länge der Verbrennungslinie $b'c'$

$$58{,}2 - 39 = 19{,}2 \text{ mm.}$$

Die Expansionslinie $c'd'$ ist in derselben Weise berechnet worden wie oben mit $n = 1{,}4$.

Ebenso ist die Ausströmungslinie $d'e'$ wie vorher nach dem Gefühl gezeichnet.

Die Planimetrierung der Flächen ergab

$$\text{Arbeitsdiagramm} = 8600 \text{ qmm,}$$
$$\text{Pumpendiagramm} = 730 \text{ qmm.}$$

Die Diagrammfläche der Pumpe ist demnach $\dfrac{730 \cdot 100}{8600}$ $= 8{,}5\,^0/_0$ der Diagrammfläche des Arbeitszylinders.

Der Prozentsatz nimmt also bei abnehmender Belastung etwas zu, bleibt aber immer noch außerordentlich gering.

5. Geschwindigkeit des Gases bei der Überströmung in den Aufnehmer.

Für die Beurteilung des Arbeitsverfahrens ist es außerordentlich wichtig, die Geschwindigkeit zu kennen, mit der das Gas in den Aufnehmer einströmt. Es könnte ja der Fall eintreten, daß wir bei einer bestimmten Leistung der Maschine, also bei einer bestimmten Gasmenge, nicht imstande wären, den Querschnitt des Aufnehmerrohres, der sich je nach der zulässigen Geschwindigkeit richtet, genügend klein zu halten, um einerseits noch eine wirksame Kühlung des Gases zu ermöglichen und andererseits eine sichere Schichtung zwischen Gas und Luft zu bewirken.

Da während der Überströmung eine Drucksteigerung stattfindet, so ist die Geschwindigkeit der in den Aufnehmer eintretenden Gasteilchen nicht ohne weiteres proportional der Kolbengeschwindigkeit, sondern sie ist noch abhängig von der Art dieser Drucksteigerung und diese ist wieder abhängig von dem Voreilwinkel zwischen Pumpenkurbel und Arbeitskurbel und von den Querschnitten der beiden Kolben.

Wir haben es hier mit einem Vorgang zu tun, den wir einer eingehenden Betrachtung unterziehen müssen. Durch den Pumpenkolben werden die Gasteilchen in den Aufnehmer hineingeschoben und wenn nicht zugleich eine Drucksteigerung statt-

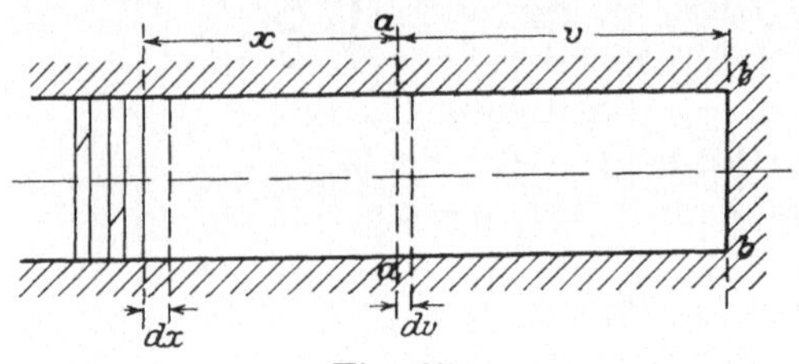

Fig. 17.

fände, würde denselben eine Geschwindigkeit erteilt, die im Verhältnis der Querschnitte allein von der Kolbengeschwindigkeit abhängig wäre. Durch die Drucksteigerung wird jedoch auch das in der Pumpe befindliche Gasvolumen beeinflußt und zusammengepreßt und eine Rückwirkung der Drucksteigerung auf den Inhalt der Pumpe ist nur dadurch denkbar, daß in jedem Augenblick nicht so viel Gasteilchen aus demselben austreten, als der Kolbengeschwindigkeit und dem Kolbenquerschnitt entspricht. Wir erkennen also schon, daß die Geschwindigkeit der austretenden Gasteilchen auf jeden Fall kleiner sein wird, als bei einem gleichgroßen, ohne Drucksteigerung während des Ausströmens arbeitenden Kompressor.

Die mathematische Behandlung des Vorganges ist zwar etwas umständlich, doch ist sie nötig, damit wir zu einer sicheren Beurteilung des Arbeitsverfahrens und zu einer Berechnung der Querschnitte gelangen.

Denken wir uns zunächst, in einem langen Zylinder werde durch einen Kolben Luft komprimiert (Fig. 17). Wenn nun der Kolben einen Weg $= dx$ zurücklegt, so werden die im Querschnitt a befindlichen Luftteilchen einen Weg $= dv$ zurücklegen, der kleiner ist als dx. Im Querschnitt b wird $dv = 0$. Während dieser Bewegung findet zugleich eine Drucksteigerung statt, die wir als polytropisch mit dem Exponenten n annehmen.

Die gegenseitige Abhängigkeit der Werte finden wir aus der Überlegung, daß dasselbe Luftquantum, das bei dem Drucke p das Volumen x ausgefüllt hat, nach Vollendung der Kolbenbewegung dx bei dem etwas höheren Drucke p_1 das Volumen $x - dx + dv$ ausfüllt. Wir erhalten also zunächst die Gleichung

$$\frac{x}{x - dx + dv} = \sqrt[n]{\frac{p_1}{p}} \quad \cdot \quad \cdot \quad \cdot \quad \cdot \quad \cdot \quad (1)$$

Nun ist aber

$$\sqrt[n]{\frac{p_1}{p}} = \frac{x + v}{x + v - dx}, \text{ also ist}$$

$$\frac{x}{x - dx + dv} = \frac{x + v}{x + v - dx}.$$

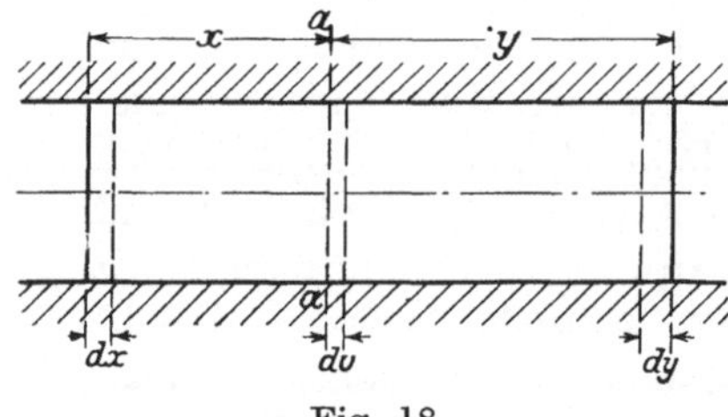

Fig. 18.

Der Vorgang wird hier dadurch noch verwickelter, daß auch der vorher konstant angenommene Wert v veränderlich ist, da während der Überströmung sich auch der Arbeitskolben bewegt. Wir nennen deshalb das vorher mit v benannte Volumen y und die unendlich kleine Bewegung des rechten Kolbens dy (Fig. 18). Die Gleichung 1 geht dann sinngemäß über in

$$\frac{x}{x - dx + dv} = \frac{x + y}{x + y - dx - dy} \quad \cdot \quad \cdot \quad \cdot \quad (2)$$

Wenn wir diese Gleichung nach dv auflösen, erhalten wir

die Gleichung

$$dv = \frac{y \cdot dx - x \cdot dy}{x + y} \quad \ldots \quad \ldots \quad (3)$$

Wenn wir nun die Volumina durch die zur Zurücklegung derselben erforderlichen Zeiten dividieren, so erhalten wir die Geschwindigkeiten. Die Kolbenbewegung dx und dy, sowie die Bewegung dv sei in der Zeit dt vollendet, dann erhalten wir als Grundgleichung

$$\frac{dv}{dt} = \frac{y \cdot \dfrac{dx}{dt} - x \cdot \dfrac{dy}{dt}}{x + y} \quad \ldots \quad \ldots \quad (4)$$

Hierin bedeutet:

$\dfrac{dv}{dt}$ = Geschwindigkeit der Überströmung,

$\dfrac{dx}{dt}$ = Volumengeschwindigkeit des Pumpenkolbens,

$\dfrac{dy}{dt}$ = Volumengeschwindigkeit des Arbeitskolbens,

x = Volumen zwischen Pumpenkolben und Rückschlagventil,

y = Volumen zwischen Arbeitskolben und Rückschlagventil,

t = die Zeit, die zur Veränderung von x_{max} bis x_{min} bzw. y_{max} bis y_{min} erforderlich ist.

Unter Volumengeschwindigkeit verstehen wir das in der Zeiteinheit zurückgelegte Volumen. Wir müssen diesen Begriff hier einführen, da ja im Volumendiagramm nicht der Kolbenhub, sondern das Kolbenvolumen als Strecke dargestellt ist. Es kommen ja auch hier nur die von den Kolben zurückgelegten Volumina, nicht die von denselben beschriebenen Wege in Betracht, und da im Diagramm die Kurbelkreise und die übrigen Strecken im Verhältnis der Volumina aufgetragen sind, können wir die Volumina x und y direkt aus dem Diagramm entnehmen.

Es ist bei dem Ansatz der Gleichung angenommen, daß der Querschnitt des Rückschlagventiles gleich dem im Diagramm zugrunde gelegten Querschnitt der beiden Kolben ist, also überall Querschnitt $= 1$.

Wir können nun auch die übrigen Werte der Grundgleichung 4 aus dem Diagramm erkennen. Die Zeit t ist im Diagramm dargestellt durch die Länge der Kolbenweglinie. Es ist also (vgl. Fig. 19 und 20)

$$\frac{dx}{dt} = \text{tang } \alpha \quad \text{und} \quad \frac{dy}{dt} = \text{tang } \beta,$$

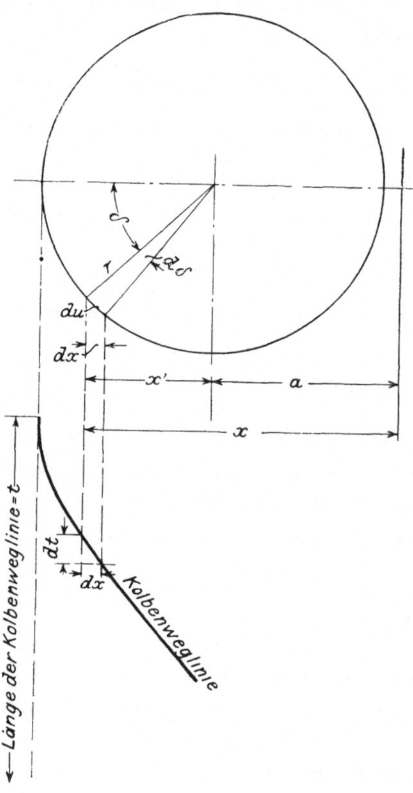

Fig. 19.

d. h. gleich der Tangente der Winkel, die die Kolbenweglinie mit den Vertikalen bildet.

Diese Winkel nun aus dem Diagramm, also aus den darin verzeichneten Kolbenweglinien zu entnehmen, würde zu ungenau sein, und wir müssen deshalb weiter untersuchen, auf welche

Weise die Tangenten aus den bekannten Größen berechnet werden können.

Aus Fig. 19 geht hervor

$$\frac{x'}{r} = \cos \partial, \quad \frac{x' - dx}{r} = \cos (\partial + d\partial), \text{ also}$$

$$x' = r \cdot \cos \partial \quad . \quad . \quad . \quad . \quad . \quad . \quad . \quad . \quad (5)$$

$$x' - dx = r (\cos \partial \cdot \cos d\partial - \sin \partial \cdot \sin d\partial) . \quad . \quad (6)$$

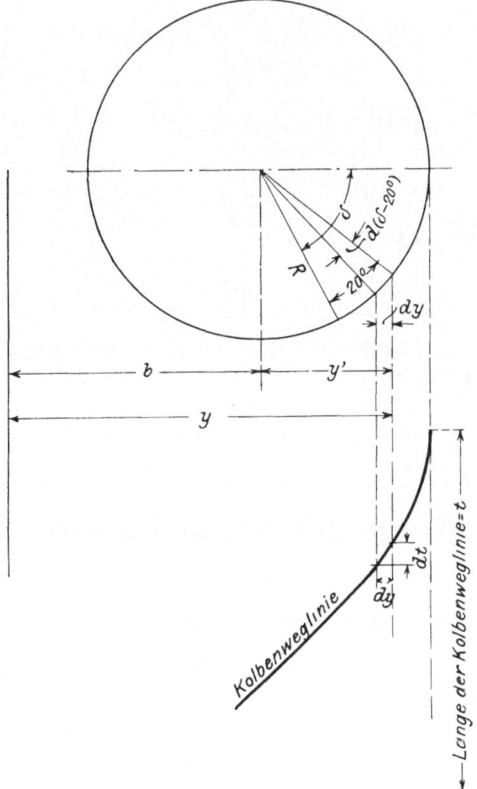

Fig. 20.

Wir können nun bekanntlich setzen

$$\cos d\partial = 1, \ \sin d\partial = d\partial, \text{ also ist}$$

$$x' - dx = r \cdot \cos \partial - r \cdot \sin \partial \cdot d\partial \quad . \quad . \quad . \quad (7)$$

oder aus Gleichung 7 und 5

$$dx = r \cdot \sin \partial \cdot d\partial \quad . \quad . \quad . \quad . \quad . \quad . \quad (8)$$

Nun ist aber $du = r \cdot d\partial$, also folgt

$$dx = \sin \partial \cdot du \quad . \quad . \quad . \quad . \quad . \quad . \quad (9)$$

Es verhält sich nun das unendlich kleine Stück des Kurbelkreises zum halben Kurbelkreis wie das unendlich kleine Stück der Abwickelung zur halben Abwickelung, also

$$du : r \cdot \pi = dt : t, \text{ oder}$$

$$du = dt \cdot \frac{r \cdot \pi}{t} \quad . \quad . \quad . \quad . \quad . \quad . \quad (10)$$

Aus Gleichung 9 und 10 folgt also

$$\frac{dx}{dt} = \sin \partial \cdot \frac{r \cdot \pi}{t} \quad . \quad . \quad . \quad . \quad . \quad (11)$$

Ebenso ergibt sich (vgl. Fig. 20)

$$\frac{dy}{dt} = \sin (\partial - 20^0) \cdot \frac{R \cdot \pi}{t} \quad . \quad . \quad . \quad . \quad (12)$$

Durch die Gleichungen 11 und 12 geht also nunmehr die Grundgleichung 4 über in

$$\frac{dv}{dt} = \frac{y \cdot \sin \partial \cdot \dfrac{r \cdot \pi}{t} - x \cdot \sin (\partial - 20^0) \cdot \dfrac{R \cdot \pi}{t}}{x + y} \quad . \quad (13)$$

Mit Hilfe dieser Gleichung läßt sich nun der Wert $\dfrac{dv}{dt}$ bestimmen, indem wir die Werte x, y, r, R und ∂ aus dem Diagramm entnehmen. Dieser Wert $\dfrac{dv}{dt}$ ist nun ein Maß für die Geschwindigkeit der Überströmung im Diagramm, das in einem bestimmten linearen Verhältnis zur wirklichen Geschwindigkeit steht. Wir erkennen aus der Rechnung schon ohne weiteres. in welcher Weise sich diese Geschwindigkeit bei den verschiedenen Werten von ∂ ändert.

In das Diagramm Tafel III ist nun die Kurve der $\dfrac{dv}{dt}$ Werte eingetragen, die punktweise nach der Gleichung 13 rechnerisch ermittelt wurden. Aus dieser Kurve sehen wir, daß das Maximum der Geschwindigkeit bei den im Diagramm zugrunde gelegten Verhältnissen etwa bei einem Winkel $\partial = 110^0$ auftritt.

Diese Stelle, bei der das Maximum der Geschwindigkeit auftritt, können wir noch sicherer und genauer mit Hilfe der Differentialrechnung bestimmen, indem wir den Differential-quotienten $\dfrac{d\dfrac{dv}{dt}}{d\partial}$ bilden und diesen $= 0$ setzen. Vorher müssen wir jedoch natürlich noch die Werte x und y als Funktionen von ∂ ausdrücken, indem wir $x = r \cdot \cos \partial + a$ und $y = R \cdot \cos (\partial - 20^0) + b$ setzen (vgl. Fig. 19 und 20).

Diese Rechnung, deren Wiedergabe nicht in den Rahmen vorliegender Abhandlung hineinpaßt, da sie zu weit führen würde, wurde ebenfalls für die im Diagramm Tafel III, also für eine Voreilung $= 20^0$, zugrunde gelegten Werte durchgeführt und ergab, daß das Maximum der Geschwindigkeit $\dfrac{dv}{dt}$ auftritt bei einem Winkel $\partial = 111^0\,10'$.

Es erübrigt nun noch, festzustellen, in welchem Verhältnis die im Diagramm angegebenen Werte von $\dfrac{dv}{dt}$ zu den wirklich auftretenden, bei der Berechnung des Ventilquerschnittes zu berücksichtigenden Geschwindigkeiten stehen, d. h. also den Maßstab zu bestimmen, in dem diese Werte im Diagramm dargestellt sind. Zu dem Zwecke ist auch die Kurve der $\dfrac{dx}{dt}$ Werte nach Gleichung 11 berechnet und eingetragen. Das Maximum dieser Werte tritt natürlich auf bei einem Winkel $\partial = 90^0$. Dasselbe berechnet sich zu

$$\frac{dx}{dt}\,\mathrm{max} = 0{,}5294;$$

das Maximum der $\dfrac{dv}{dt}$ Werte berechnete sich zu

$$\frac{dv}{dt}\,\mathrm{max} = 0{,}1792.$$

Es verhält sich also das Maximum der Volumengeschwindigkeit im Rückschlagventil zum Maximum der Volumengeschwindigkeit des Pumpenkolbens wie

$$\frac{0,1792}{0,5294} = \frac{1}{3}.$$

Es ergibt sich also hieraus die für die Durchführbarkeit und Betriebssicherheit des Verfahrens außerordentlich wichtige Tatsache, **daß der Querschnitt des Rückschlagventils bei dieser Art der Kompression nur ein Drittel des Querschnittes beträgt, den das Druckventil eines in normaler Weise arbeitenden Kompressors von demselben Kolbenvolumen und derselben Umdrehungszahl haben müßte.**

Wir werden also mit einem außerordentlich kleinen Ventilquerschnitt auskommen, wodurch die Ausführbarkeit des Ventiles selbst, die Dauerhaftigkeit desselben sowie die Betriebssicherheit wesentlich erhöht, die Verluste durch Undichtigkeit sowie der schädliche Raum des Pumpenzylinders wesentlich verringert werden gegenüber einem normal arbeitenden Kompressor gleicher Größe.

Dieser Vergleich der beiden Geschwindigkeiten gibt uns nun auch ein Mittel, die wirkliche Geschwindigkeit im Rückschlagventil zu bestimmen. Es kommt ja hier nur auf die Bestimmung der Maximalgeschwindigkeit an, da ja nach dieser der Ventilquerschnitt berechnet wird.

Nennen wir die wirkliche, aus dem Kolbenhub und der Umdrehungszahl in bekannter Weise bestimmte Maximalkolbengeschwindigkeit des Pumpenkolbens w, den Kolbenquerschnitt dieses Kolbens F, so ist $w \cdot F$ die wirkliche Volumengeschwindigkeit des Pumpenkolbens; nennen wir ferner die maximale Geschwindigkeit im Rückschlagventil c und den Ventilquerschnitt f, so ist $c \cdot f$ die maximale Volumengeschwindigkeit im Rückschlagventil. Wir erhalten also demnach die Gleichung

$$\frac{w \cdot F}{3} = c \cdot f.$$

Aus dieser Gleichung kann, da w und F bekannt ist und c angenommen wird, f bestimmt werden.

Die Bestimmung der bei den übrigen ∂-Werten auftretenden Geschwindigkeiten in ihrer wirklichen Größe macht auch keine Schwierigkeiten mehr, da ja der Wert 0,5294 im Diagramm den nunmehr gefundenen wirklichen Wert $w \cdot F$ darstellt. Wir brauchen also nur die durch die $\dfrac{dv}{dt}$-Kurve und die $\dfrac{dx}{dt}$-Kurve im Diagramm enthaltenen Werte mit $\dfrac{w \cdot F}{0,5294}$ zu multiplizieren, wodurch wir die wirklichen Geschwindigkeiten erhalten. Diese Bestimmung ist jedoch zur Berechnung der Querschnitte nicht mehr erforderlich.

6. Betrachtung der Ergebnisse.

Die vorstehenden Untersuchungen haben zunächst die wichtige Tatsache ergeben, daß die negative Pumpenarbeit nur einen kleinen Teil der positiven Arbeit des Arbeitszylinders beträgt. Der Prozentsatz nimmt natürlich zu bei Verkleinerung des Voreilwinkels, von $5,3^0/_0$ auf $6,5^0/_0$, da ja im letzteren Falle das Gas in der Pumpe bis zu einem höheren Druck komprimiert wird. Der Prozentsatz nimmt ebenfalls zu bei Abnahme der Belastung von $6,5^0/_0$ bei voller Belastung auf $8,5^0/_0$ bei etwa halber Belastung, jedoch ist auch diese Zunahme nicht wesentlich, da der indizierte Wirkungsgrad dadurch überhaupt nicht beeinflußt wird, der effektive Wirkungsgrad dagegen nur unbedeutend, da ja, wie oben bereits ausgeführt, allein der durch die Reibungsarbeit der Pumpe verloren gehende Betrag an Arbeit, nicht die ganze negative Arbeit der Pumpe einen Verlust bedeutet.

Den thermischen Wirkungsgrad des Diagrammes Tafel III können wir in folgender Weise bestimmen. Nehmen wir an, es entspreche in diesem Diagramm 1 mm dem Volumen von 1 Liter, dann sind 64 Liter Gas in den Kreisprozeß eingetreten. Der Heizwert des Gases bei dem Zustand, in dem es angesaugt wurde, wurde zu 1180 cal/cbm gefunden. Es sind somit $1{,}180 \cdot 64 = 75{,}5$ cal in den Kreisprozeß eingetreten. Diese Wärmemenge würde bei voller Ausnutzung

$$75{,}5 \cdot 428 = 32\,314 \text{ mkg}$$

leisten.

Der Arbeitsmaßstab des Diagramms ist:

Raummaßstab (horizontal) . . 1 mm = 1 Liter,
Kräftemaßstab (vertikal) . . . 10 mm = 1 at,

demnach 10 qmm = 1 Literatmosphäre, oder, da bekanntlich 1 Literatmosphäre = 10 mkg, so ist **1 qmm = 1 mkg.**

Die in der Diagrammfläche dargestellte Nutzarbeit ist 16950 — 1100 = 15850 qmm, also = 15850 mkg.

Der thermische Wirkungsgrad beträgt demnach

$$\frac{15850 \cdot 100}{32314} = 49\,^0/_0.$$

Daß der hier gefundene thermische Wirkungsgrad etwas geringer ist als der bei dem Idealdiagramm Tafel I, Fig. 2 gefundene, liegt zunächst daran, daß bei dieser Art der praktischen Durchführung desselben das Expansionsvolumen kleiner ist als das Kompressionsvolumen. Dieser thermische Nachteil wird jedoch aufgewogen durch den Vorteil, daß der mittlere Druck dadurch wesentlich steigt. Wir haben hier schon bei einer Maximaltemperatur von 1400⁰ einen wirksamen mittleren Druck von 4,8 at erreicht, also einen ausreichenden mittleren Druck. Ferner ist der Unterschied zwischen den Wirkungsgraden der beiden Diagramme darin begründet, daß wir durch Annahme der kleineren Exponenten, 1,38 bzw. 1,4 statt 1,41, einen Teil der durch die Kühlung verloren gehenden Wärmemengen berücksichtigt haben. Wenn wir das Idealdiagramm der Explosionsmaschine mit diesen Exponenten 1,38 für die Kompression und 1,4 für die Expansion berechnen, so finden wir bei einer Maximaltemperatur von 1400⁰ einen thermischen Wirkungsgrad von 48 $^0/_0$. Dabei steigt die Maximalspannung auf 27,2 at. Wir sehen also, daß trotz der verkürzten Expansion das Gleichdruckdiagramm immer noch etwas günstiger ist als das Explosionsdiagramm.

Der thermische Wirkungsgrad bei halber Belastung berechnet sich in derselben Weise.

Gefördert wird hierbei eine Gasmenge = 31 Liter, also eine Wärmemenge = 31 · 1,180 = 36,61 cal. Diese Wärmemenge würde bei vollkommener Ausnutzung 36,61 · 428 = **15669** mkg leisten.

Das Diagramm zeigt eine Arbeit = 860 — 73 = 787 Literatmosphären = 7870 mkg.

Der thermische Wirkungsgrad bei halber Belastung ist demnach $\dfrac{7870 \cdot 100}{15669} = \mathbf{50{,}2}\,^0/_0.$

Wir sehen also, daß der thermische Wirkungsgrad bei Abnahme der Belastung immer noch steigt, trotzdem der Kompressionsenddruck geringer wird. Es hängt dies wieder damit zusammen, daß der thermische Wirkungsgrad der einzelnen Elemente des Kreisprozesses von links nach rechts abnimmt, da die durch die Abnahme der Kompressionsendspannung bewirkte Abnahme des Wirkungsgrades mehr als aufgehoben wird dadurch, daß bei Abnahme der Belastung gerade die in bezug auf den Wirkungsgrad geringwertigsten Elemente aus dem Kreisprozeß ausgeschaltet werden.

Betreffs der Konstruktion der Maschine ist noch folgendes zu bemerken:

Wenn der Voreilwinkel zwischen Pumpenkurbel und Arbeitskurbel von 30^0 auf 20^0 abnimmt, wächst die Maximalspannung im Pumpenzylinder von 13,5 at auf 18,4 at. Im ersteren Falle wird dagegen von dem ganzen Pumpenvolumen $64^0/_0$ ausgenutzt, im zweiten Fall $70^0/_0$. Bei gleichem Hub verhalten sich also die zur Förderung derselben Gasmenge erforderlichen Kolbenquerschnitte

$$\frac{F_{30^0}}{F_{20^0}} = \frac{70}{64}.$$

Die maximalen Kolbendrucke stehen also in dem Verhältnis

$$\frac{P_{30^0}}{P_{20^0}} = \frac{70 \cdot 13,5}{64 \cdot 18,4} = \frac{945}{1178}.$$

Wenn also auch immer noch der maximale Kolbendruck im Pumpenzylinder bei Abnahme des Voreilwinkels wächst, so ist doch dieses Anwachsen nicht so bedeutend, als es auf den ersten Blick aus dem Diagramm erscheint.

Die negative Pumpenarbeit wächst bei Abnahme des Voreilwinkels von $5,3^0/_0$ auf $6,5^0/_0$. Die Zunahme ist jedoch auch, wie gesagt, nicht so bedeutend, daß sie einen wesentlichen Einfluß auf den mechanischen Wirkungsgrad haben könnte, da selbst bei dem kleinen Voreilwinkel von 20^0 dieselbe immer noch nur einen kleinen Teil der Gesamtarbeit ausmacht. Wir brauchen uns also nicht bestimmen zu lassen, den Voreilwinkel zu vergrößern, um den mechanischen Wirkungsgrad besser zu machen, wenn es aus anderen Gründen zweckmäßiger ist, den Voreilwinkel kleiner zu halten.

Selbst bei einer Maximalspannung von 18,4 at sind auch Frühzündungen im Pumpenraum nicht zu befürchten, selbst wenn etwas Luft mit dem Gas gemischt sein sollte. Die diesem Druck entsprechende maximale Temperatur beträgt ja, selbst wenn wir keine wesentliche Kühlung annehmen, also bei einem Exponenten $n = 1,4$ nur

$$T = 300 \cdot \left(18,4^{\frac{0,4}{1,4}}\right) = 690^0 \text{ abs., also} = 417^0 \text{ C,}$$

eine Temperatur, bei der eine Selbstzündung noch nicht erfolgen kann, da die Entzündungstemperatur der in Betracht kommenden Brennstoffe schon über 600^0 C liegt, wenn sie in dem richtigen Verhältnis mit Luft gemischt sind, bei der hier eventuell vorkommenden geringen Luftmenge dagegen noch wesentlich höher liegt.

Die maximale Temperatur 417^0 C ist auch für das ungekühlte Rückschlagventil noch nicht schädlich, da sie ja nur während einer ganz kurzen Zeit auftritt. Eine schädliche Veränderung des Rückschlagventils, die die Betriebssicherheit gefährden könnte, ist also auch nicht zu befürchten.

Die Geschwindigkeit, mit der das Gas in den Aufnehmer durch das Rückschlagventil hindurch überströmt, ist um so kleiner, je kleiner der Voreilwinkel gewählt wird, da damit einerseits, wie wir gesehen, die Kolbenfläche des Pumpenkolbens abnimmt, andererseits auch der Unterschied zwischen den beiden in Betracht kommenden Kolbengeschwindigkeiten des Pumpenkolbens und des Arbeitskolbens abnimmt. Die Geschwindigkeit der Überströmung würde, wie leicht einzusehen, am kleinsten bei einem Voreilwinkel $= 0^0$. Um also den Querschnitt des Rückschlagventils möglichst klein zu halten, was für die Konstruktion und Betriebsicherheit wesentlich ist, ist es vorteilhaft, den Voreilwinkel so klein als möglich zu wählen.

Die Größe des Voreilwinkels wird aber hauptsächlich bestimmt durch die aus anderen Bedingungen festgelegte zulässige Größe des Aufnehmervolumens. Diese Größe des Aufnehmervolumens ist ja dadurch begrenzt, daß das Aufnehmervolumen einen Teil des ganzen Verdichtungsraumes des Arbeitszylinders

darstellt, dessen Größe durch die zu erreichende Kompressionsendspannung bestimmt ist. Wir müssen ja für die übrigen
Werte, Verdrängervolumen, Inhalt der Kanäle und des als Verbrennungsraum ausgebildeten Kolbenspieles noch genügend
Raum zur Verfügung haben. Es ist deshalb am vorteilhafte-
sten, die Größe des Aufnehmervolumens möglichst klein zu
wählen, da wir dann mehr Raum auf die anderen Teile des
Verdichtungsraumes verwenden können, vor allem auf den Verbrennungsraum. Die beiden Diagramme zeigen, daß das Aufnehmervolumen um so kleiner wird, je kleiner der Voreilwinkel
wird. Wir sahen aber auch, daß wir selbst bei einem Voreilwinkel = 30⁰ immer noch genügend Raum für die übrigen
Teile des Verdichtungsraumes übrig behalten, auch dann noch,
wenn wir eine Volumenverminderung des Gases durch die Kühlung nicht annehmen. Wir sehen also, daß auch in dieser
Beziehung eine Konstruktionsschwierigkeit nicht besteht.

Der Einfluß der durch die Kühlung bewirkten Volumenverminderung des Gases, kann bei der in dem engen Rohr erfolgenden äußerst wirksamen Kühlung sicher berücksichtigt
werden. Inwiefern jedoch diese Kühlung bei der Bemessung
des Aufnehmervolumens und der Wahl des Voreilwinkels in
Betracht gezogen werden kann, kann erst an Hand von Versuchen bestimmt werden, die an einer ausgeführten Maschine
vorzunehmen sind. Bei dem folgenden Entwurfe ist der Voreilwinkel = 20⁰ angenommen, also Diagramm Tafel III zugrunde gelegt. Bei den späteren Entwürfen dagegen werden
die Versuchsresultate zu beachten sein, und der Konstrukteur
wird an Hand dieser Resultate von den hier gezeigten Gesichts-
punkten aus die richtige Wahl der voneinander abhängenden
Werte zu treffen haben, was bei einiger Übung keine Schwierigkeiten bereiten wird.

Die maximale Temperatur im Verdrängerzylinder berechnet
sich, ebenfalls einen Exponenten $n = 1{,}4$ angenommen, zu

$$T = 300 \cdot \left(25{,}2^{\tfrac{0{,}4}{1{,}4}}\right) = 754^{0} \text{ abs., also} = 481^{0}\ C.$$

Auch diese Tem-
peratur ist, besonders da sie nur während einer kurzen Zeit
auftritt, nicht so hoch, daß das Bedürfnis vorläge, den beweglichen Verdrängerkolben zu kühlen, vorausgesetzt, daß die Lauf-
fläche des Kolbens von außen gekühlt wird. Es ist jedoch bei

der Anordnung des Verdrängerzylinders darauf zu achten, daß die Verbrennung nicht bis in den unter dem Verdrängerkolben liegenden Raum des Verdrängerzylinders, der der Entlastung des Kolbens wegen mit dem Arbeitszylinder verbunden werden muß, vordringt, was jedoch ebenfalls, wie wir sehen werden, keine Schwierigkeiten bereitet.

Vorstehende Betrachtungen haben die Gesichtspunkte gezeigt, von denen aus die Konstruktion der Maschine zu beurteilen ist, und es erübrigt nun noch, den Verbrennungsvorgang selbst etwas eingehender zu betrachten.

7. Die Verbrennung.

Die Verbrennung der einzelnen Gasteilchen wirkt auf eine Drucksteigerung hin, der während derselben erfolgende Ausschub des Arbeitskolbens auf eine Druckverminderung, und wir müssen also die Geschwindigkeit des in den Verbrennungsraum eintretenden Gasstromes in ein bestimmtes Verhältnis zur Kolbengeschwindigkeit des Arbeitskolbens bringen, wenn die Wirkung der beiden oben erwähnten Momente sich aufheben, also eine Änderung des Druckes während der Verbrennung nicht stattfinden soll. Es handelt sich hier natürlich wieder um die Volumengeschwindigkeit, und wir müssen untersuchen, in welchem Verhältnis das in jedem Zeitelement in den Verbrennungsraum eintretende, also hier auch verbrennende Gasvolumen zu dem in diesem Zeitelement vom Arbeitskolben zurückgelegten Volumen stehen muß, damit eine Druckänderung im Zylinder vermieden wird und damit die Abhängigkeit der Verbrennung von der zwangläufig festgelegten Geschwindigkeit des Verdrängerkolbens gesichert wird.

Es bezeichne:

b das Gesamtvolumen des Gases vor der Verbrennung,
a das Volumen des Kompressionsraumes,
H den Heizwert des Gases pro Volumeneinheit bei dem im Kompressionsraum herrschenden Druck,
c'_p die spezifische Wärme bei konstantem Druck, bezogen auf die Volumeneinheit bei dem im Kompressionsraum herrschenden Zustand,

c_p die spez. Wärme bei konst. Druck, bez. auf die Gewichtseinheit,

T_1 die Temperatur bei Beginn der Verbrennung,

T_2 die Temperatur am Ende der Verbrennung des Gasvolumens b,

c das während der Verbrennung vom Arbeitskolben zurückgelegte Volumen,

dann ist bekanntlich, wenn der Druck konstant bleibt, und wenn wir annehmen, daß in dem Raume a 1 kg Luft $+$ Gas abgeschlossen, also $c_p = a \cdot c'_p$ ist,

$$b \cdot H = a \cdot c'_p \cdot (T_2 - T_1) \quad \ldots \ldots \quad (1)$$

sowie ferner

$$\frac{T_2}{T_1} = \frac{a + c}{a}, \text{ also } T_2 = T_1 \cdot \frac{a + c}{u} \quad \ldots \quad (2)$$

Aus Gleichung 1 und 2 folgt

$$b \cdot H = a\, c'_p \cdot T_1 \cdot \left(\frac{a + c}{a} - 1 \right). \quad \ldots \ldots \quad (3)$$

$$b \cdot H = a \cdot c'_p \cdot T_1 + c \cdot c'_p \cdot T_1 - a \cdot c'_p \cdot T_1$$

also

$$\frac{b}{c} = \frac{c'_p \cdot T_1}{H} \quad \ldots \ldots \ldots \quad (4)$$

Nennen wir nun

x einen veränderlichen Teil des Volumens b,

y den der Verbrennung von x entsprechenden Teil des Volumens c,

so finden wir ebenso, da die übrigen Werte a, H, c'_p und T_1 konstant sind,

$$\frac{x}{y} = \frac{b}{c} = \frac{c'_p \cdot T_1}{H}. \quad \ldots \ldots \quad (6)$$

Aus Gleichung 6 erkennen wir, daß sich in jedem Zeitpunkt das Volumen des verbrannten Gases vor dessen Verbrennung zu dem entsprechenden vom Arbeitskolben zurückgelegten Volumen verhalten muß wie das Gesamtvolumen des Gases zu dem bei vollendeter Verbrennung vom Arbeitskolben zurückgelegten Volumen, das unter Zugrundelegung der Kompressionsendspannung berechnet wird, wenn auch während der ganzen Verbrennung eine Spannungsänderung vermieden werden soll. Es ist also

$$\frac{\text{Volumengeschwindigkeit des Verdrängerkolbens}}{\text{Volumengeschwindigkeit des Arbeitskolbens}} = \frac{b}{c} \quad (7)$$

Der Wert c kann direkt aus dem Diagramm entnommen werden. Er ist gleich der Länge der Verbrennungslinie im Diagramm. Der Wert b kann, wie wir weiter unten sehen werden, leicht berechnet werden. Er muß natürlich in dem Maßstab des Diagrammes in die Gleichung 7 eingesetzt werden.

Die Gleichung 6 zeigt auch, daß dieses Verhältnis der Volumengeschwindigkeiten von Größen abhängig ist, die nicht vollkommen konstant sind. Zunächst ist der Heizwert geringen Schwankungen unterworfen. Außerdem kann der Wert b nicht als absolut konstant angesehen werden, da er von der Wirkung der Kühlung abhängig ist. Diese Schwankungen sind zwar nicht sehr bedeutend, aber wir müssen doch untersuchen, ob sie die Zwangläufigkeit der Verbrennung nicht zu sehr beeinträchtigen. Diese Untersuchung kann jedoch besser an Hand eines Ausführungsbeispieles durchgeführt werden, das im nächsten Kapitel konstruktiv behandelt wird, und wir wollen deshalb später auf diesen Punkt zurückkommen.

Wir können nunmehr an die konstruktive Gestaltung der Maschine herantreten. Gerade diese ist ja von außerordentlicher Wichtigkeit für die Durchführung des Arbeitsverfahrens, da wir daraus erst erkennen, ob nicht unüberwindliche Schwierigkeiten der Umsetzung derselben in die Praxis entgegenstehen.

Nicht aus schematischen Skizzen und Entwürfen können wir dies erkennen, sondern nur aus sorgfältig bis in die Einzelheiten hinein durchgearbeiteten Konstruktionszeichnungen. Erst dann, wenn die Gedanken und Erwägungen eine greifbare Gestalt bekommen haben, wenn wir nicht allein mit dem Auge des Theoretikers, sondern mit dem praktischen Blick des Ingenieurs das System der Maschine betrachten können, erst dann können wir mit voller Gewißheit erkennen, ob dasselbe auch das wirklich leisten wird, was es zu leisten verspricht.

G. Entwurf einer Verbrennungsmaschine mit zwangläufig geregelter Verbrennung.

Leistung $= 350$ PS. i. bei 120 Umdr./min.

1. Beschreibung der Konstruktion.

Es ist die stehende Bauart gewählt worden, weil diese vor der liegenden bedeutende Vorteile hat und weil speziell nach solchen Maschinen ein großes Bedürfnis vorhanden ist. Bei einer Verbrennungsmaschine, bei der wir sämtliche auftretende Kräfte vollkommen sicher beherrschen, ist die Durchführung der stehenden Bauart bis zu den stärksten Leistungen möglich, da die Festigkeitsberechnungen mit derselben Sicherheit durchgeführt werden können wie bei Dampfmaschinen, und da bei Anwendung des Gleichdruckdiagrammes keinerlei plötzlich und stoßartig auftretenden Kräfte vorkommen. Wir sind hierdurch auch in der Lage, mit der zulässigen Beanspruchung der einzelnen Teile höher zu gehen als bei Explosionsmotoren und daher bei einer besseren Ausnutzung des Materials dieselbe oder sogar noch höhere Sicherheit zu erreichen als bei diesen, wo das Material noch unvorhergesehen auftretenden, wesentlich erhöhten Kräften standhalten muß. Wir können deshalb auch bei diesem System mit den Maximalspannungen im Diagramm höher heraufgehen als dies bei Explosionsmaschinen üblich ist, wodurch wir den thermischen Wirkungsgrad noch verbessern können. Bei diesem ersten Entwurf ist jedoch nur eine Höchstspannung von 25 at angenommen.

Arbeitszylinder und Pumpenzylinder sind nebeneinander angeordnet (vgl. Tafel IV) und der Arbeitskolben durch eine Kröpfung der Welle, der Pumpenkolben dagegen durch eine am besten mit der Welle aus einem Stück hergestellte Kurbel angetrieben. Beide Zylinder sind einfachwirkend angenommen, da ja die Einfachwirkung genügt, um die konstruktive Gestaltung der für dieses Arbeitsverfahren charakteristischen Teile klar zu machen. Zylinderdurchmesser und Kreuzkopfdurchmesser sind gleich, damit es möglich ist, nach Abnahme der

Zylinderdeckel die ganzen Getriebe, Kolben, Kreuzkopf und Schubstange nach oben herauszuziehen.

Die beiden Zylinder sind oben miteinander verbunden, und in diesem Verbindungsstück, das in Fig. 21 bis 26 in größerem Maßstabe dargestellt ist, sind die Hauptteile, Rückschlagventil, Aufnehmerventil zur Verbindung des Aufnehmers mit dem Verbrennungsraum und Mischer untergebracht. Dieses Verbindungsstück, das an den Arbeitszylinder angegossen ist, ist so konstruiert, daß es eine unabhängige Ausdehnung der beiden Zylinder sowohl in axialer wie in radialer Richtung durch eine geringe elastische Lagenänderung ermöglicht.

Das Aufnehmerventil kann, da seine Spindel bei kleinem Durchmesser sehr lang ist, einfach durch eine gut eingeschliffene Labyrinthdichtung nach außen abgedichtet werden. Es wird durch eine Nockenscheibe und einen Rollenhebel in bekannter Weise geöffnet und durch eine Feder geschlossen. Zu bemerken ist noch, daß das Ventil vollkommen entlastet ist, da über und unter demselben stets der gleiche Druck herrscht. Eine genügende Abdichtung ist daher auch bei demselben sehr leicht zu erreichen. Eine übermäßige Erwärmung des Ventils ist auch nicht zu befürchten, da ja die Flamme niemals mit demselben in Berührung kommt.

Das Rückschlagventil ist als Plattenventil mit Lenkerführung (Patent Hoerbiger) ausgebildet, da diese Ventile sich wegen ihrer geringen Maße und ihrer nie versagenden Führung überall bewährt haben. Es können natürlich auch andere Ventilkonstruktionen angewandt werden. Der Aufnehmer muß eine möglichst glatte Form haben und außerdem muß das denselben abschließende Aufnehmerventil möglichst nahe an das Rückschlagventil herangelegt werden, damit möglichst die ganze in dem Rohr stehende Luftsäule von dem durch das Rückschlagventil hindurch eintretenden Gasstrom unterfaßt und zurückgeschoben wird, sodaß sich möglichst wenig Gasteilchen, die sich an der Spitze des Gasstromes befinden, mit der Luft mischen. Ganz läßt sich natürlich eine solche Mischung nicht vermeiden, aber dies ist nicht weiter nachteilig, wenn nur beim späteren Ausschieben noch ein Teil der Luft nachgeschoben wird. Frühzündungen sind ja bei der äußerst wirksamen Kühlung auch nicht zu befürchten. Um eine gute Kühlung und

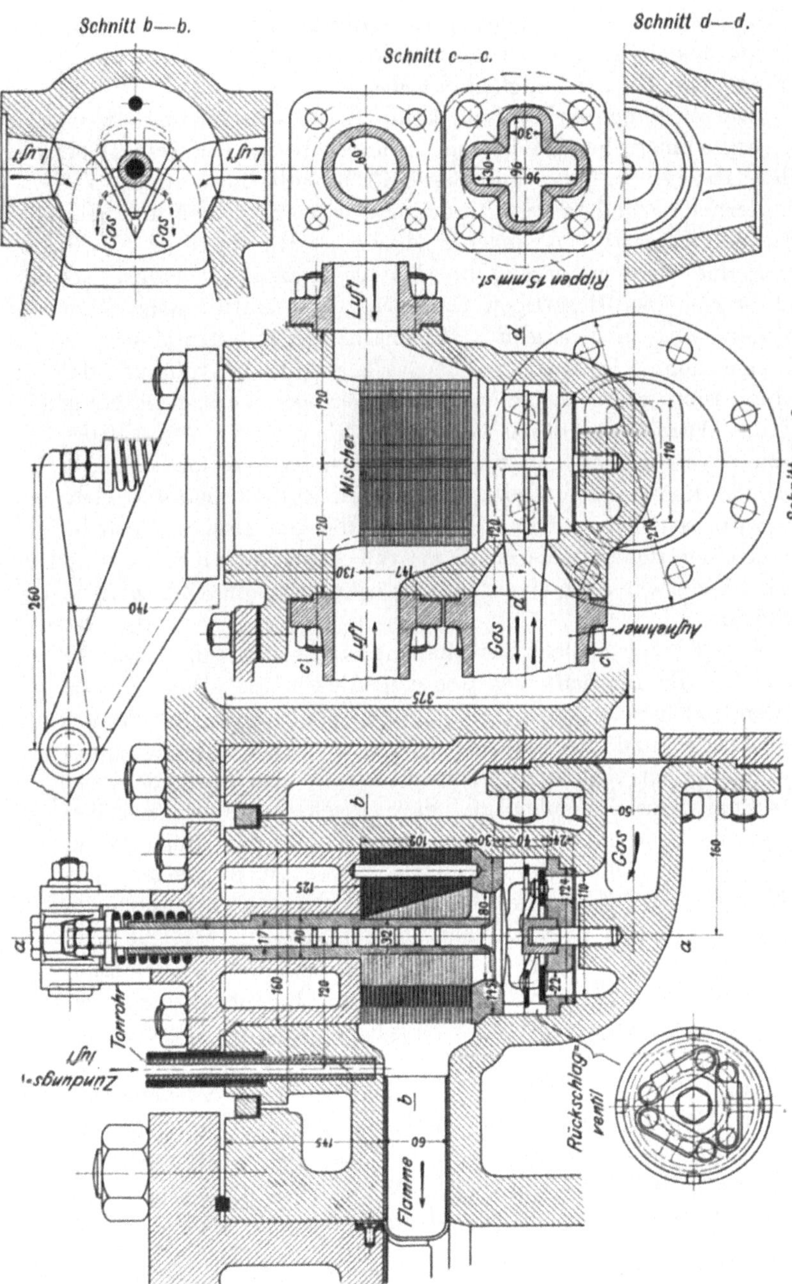

Fig. 21—26. Verbindungsstück zwischen Arbeits- und Pumpenzylinder.

zugleich eine sichere Schichtung zu bewirken, ist der Querschnitt des Rohres möglichst zu beschränken, soweit dies die darin auftretenden Geschwindigkeiten zulassen.

Die Wirkung der Kühlung kann noch erhöht werden, wenn das Aufnehmerrohr den in Fig. 25 angegebenen Querschnitt erhält. Das Rohr kann aus Stahlguß hergestellt werden. Die erforderliche Wandstärke wird dadurch verringert, daß in kurzen Abständen Querrippen angeordnet sind. Hierdurch wird zugleich der Wärmeübergang an das Kühlwasser erleichtert, sodaß es bei einer derartigen Gestaltung des Aufnehmers sicher gelingen wird, eine nahezu isothermische Kompression des Gases zu erreichen. Diese vermehrte Wärmeabfuhr während der Kompression ist natürlich mit einem geringen Verlust in bezug auf die Wärmeausnutzung verbunden, aber dieser Verlust, der schon wegen des kleinen für die isothermische Kompression in Betracht kommenden Teiles des ganzen Zylinderinhaltes klein ist, wird reichlich aufgewogen durch die praktischen Vorteile, die in einer sicheren Vermeidung von Frühzündungen und in einer wesentlichen Verringerung der erforderlichen Querschnitte bestehen.

Der Mischer besteht aus dünnen, runden Platten, in welche flache Kanäle für Luft und Gas eingefräst sind. Diese Kanäle werden mit einem Kopffräser an der einen Seite der Platten eingearbeitet und die Platten so aufeinandergelegt, daß immer eine mit einem Gaskanal versehene Platte auf eine mit einem Luftkanal versehene folgt und daß zwischen je zwei Kanälen immer die beim Ausfräsen noch stehen gebliebene dünne Wand sich befindet. Die erste und letzte Platte ist eine solche mit Luftkanal. Die Form der Kanäle ist aus der Zeichnung zu ersehen. Das Gas tritt aus der Mitte in den Mischer, die Luft von beiden Seiten. Die in die Platten für den Gasdurchlaß eingefrästen Öffnungen werden nach oben hin enger, um den zwischen Aufnehmerventil und Mischer liegenden Raum möglichst zu beschränken. Die Platten werden durch einen durchgesteckten Stift gezwungen, die richtige Lage einzunehmen. Sie sind in der aus Fig. 21 bis 26 erkennbaren Weise zentral mit dem Aufnehmerventil angeordnet und die Konstruktion ist so gewählt, daß nach Lösen der vier Deckelschrauben der ganze Mischer zusammen mit dem Aufnehmerventil herausgenommen werden kann. Hierdurch wird auch das Rückschlagventil freigelegt, sodaß also eine Zugänglichkeit dieser Teile erreicht ist, die allen Anforderungen genügen dürfte.

Der Gasstrom saugt bei seinem Austritt aus den schmalen Schlitzen, nach der Art eines Strahlgebläses wirkend, aus den zwischenliegenden Schlitzen die Luft an, die durch Rohre den beiden Seiten des Verbrennungsraumes entnommen wird. An diese beiden Seiten des Verbrennungsraumes kommt ja die Flamme, die in der Mitte eintritt, erst zuletzt, wenn die Verbrennung selbst aufhört. Außerdem steht in den Rohren selbst vor Beginn der Verbrennung so viel Luft, daß auf jeden Fall bis zum Schluß derselben nur Luft und keine Verbrennungsprodukte zugeführt werden. Da es sich hier nur um ein Verschieben der Luftsäule bei überall gleichem Druck handelt, bei dem also nur ganz geringe Widerstände zu überwinden sind, so ist ein stets sicheres Ansaugen gewährleistet. Um auf jeden Fall genügend Luft zuzuführen und auch um die Temperatur der Flamme selbst möglichst zu verringern, ist es vorteilhaft, die Luftquerschnitte größer zu machen als der theoretische Luftbedarf bedingt. Die beiden Rohre können eventuell auch durch gegossene Kanäle ersetzt werden.

Durch die außerordentlich große Oberfläche, in der bei dieser Mischerkonstruktion Gas und Luft zusammentreten, kann trotz der kurzen Zeit, die für die Mischung zur Verfügung steht, ein vollkommen verbrennendes Gemisch erzielt werden. Die Mischung wird noch unterstützt dadurch, daß die obersten und untersten Strahlen eine Richtungsänderung erfahren und dadurch das ganze Gemisch in Wirbelung versetzen. Bei seinem Eintritt in den Verbrennungskanal wird das Gemisch durch die aus dem senkrechten Röhrchen austretende Zündungsluft entzündet.

Der Aufnehmer ist im Bogen um den Arbeitszylinder herumgeführt, da der Verdränger am besten an der der Gaseinströmung entgegengesetzten Seite desselben angeordnet wird, damit die Verbrennungsgase möglichst nicht bis in den Verdrängerraum gelangen.

Der Verdränger (vgl. Fig. 27—29), der an den Arbeitszylinder angegossen ist, hat einen mit der Stange in einem Stück hergestellten Kolben, der durch einen dünnen Stahlring abgedichtet

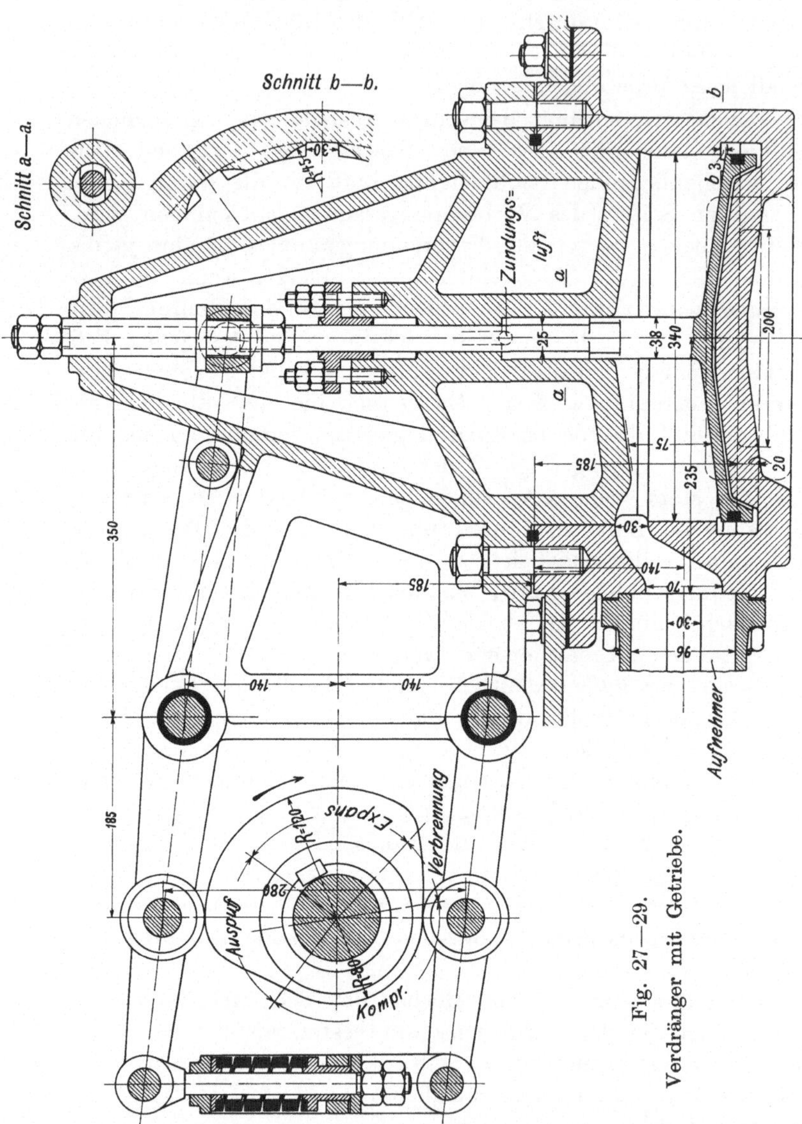

ist. Da der Kolben entlastet ist, herrscht auch hier zu beiden
Seiten der Dichtung immer derselbe Druck, sodaß also ein Abdichten äußerst einfach ist. Die Kolbenstange ist abgesetzt,

sodaß die hierdurch entstehende Stufe als Verdränger für die Zündungsluft benutzt werden kann. In der untersten Stellung stellt der Kolben durch Freilegen von im Zylinderumfang angeordneten Ausfräsungen, die mit einem flachen Scheibenfräser hergestellt werden, die Verbindung zwischen dem Anfnehmer und dem Arbeitszylinder her, sowie der Zündungsluftverdränger ebenfalls durch Ausfräsungen eine Verbindung zwischen dem Zündungsluftrohr und dem Arbeitszylinder. Beide Verbindungen werden abgeschlossen, sobald der Verdrängerkolben seinen Weg nach oben begonnen hat. Der Verdrängerkolben wird, wie Fig. 27 zeigt, durch ein zwangläufiges Rollengetriebe bewegt, in das, um ein ständiges Anliegen der Rollen zu bewirken, eine Feder mit sehr kleinem Federspiel eingeschaltet ist. Dieser Bewegungsmechanismus, mit dem sich beliebige Geschwindigkeitsverhältnisse erzielen lassen, ist bei der vollkommen entlasteten Bewegung des Kolbens durchaus zulässig. Derartige Getriebe haben sich auch bereits praktisch bewährt (Körting-Maschine). Bei sorgfältiger Herstellung der Auf- und Ablaufkurven wird sogar die Feder vermieden werden können und durch ein starres Gelenk zu ersetzen sein.

Von dem Zündungsluftverdränger ist ein Rohr, das Zündungsluftrohr, bis zu der Stelle geführt, wo die Zündung stattfinden soll. Dieses Rohr wird durch einen Heizmantel, durch den ein Teil der Abgase hindurchgeleitet wird, und der auch durch eine Gasflamme erwärmt werden kann, geheizt. Der Heizmantel ist natürlich möglichst nahe an die Zündstelle herangelegt und das Zündungsluftrohr wird hier durch ein senkrechtes, zur Vermeidung einer Abkühlung mit einem Tonzylinder ausgekleidetes, enges Röhrchen mit der Zündstelle verbunden. An der Stelle, wo dieses enge Röhrchen in das horizontale Zündungsluftrohr mündet, ist dieses mit etwas vergrößertem Durchmesser aus dem Heizmantel heraus senkrecht nach oben geführt und am Ende dieser Verlängerung abgeschlossen. Hierdurch wird die oben (Seite 72 und 73) geschilderte Wirkung erzielt, wenn sich der Rauminhalt des Verlängerungsstückes zum übrigen Rauminhalt des Zündungsluftrohrs verhält wie der Querschnitt des senkrechten Röhrchens zum Querschnitt des Zündungsluftrohres bzw. zum Querschnitt der Ausfräsungen in dem Kolben des Zündungsluftverdrängers.

Das Lufteinlaßventil ist in der Mitte des Zylinderdeckels angeordnet und liegt in einer Vertiefung desselben, damit bei geöffnetem Ventil die eintretende Luft möglichst senkrecht nach unten geht und sich gleichmäßig auf den Zylinderquerschnitt

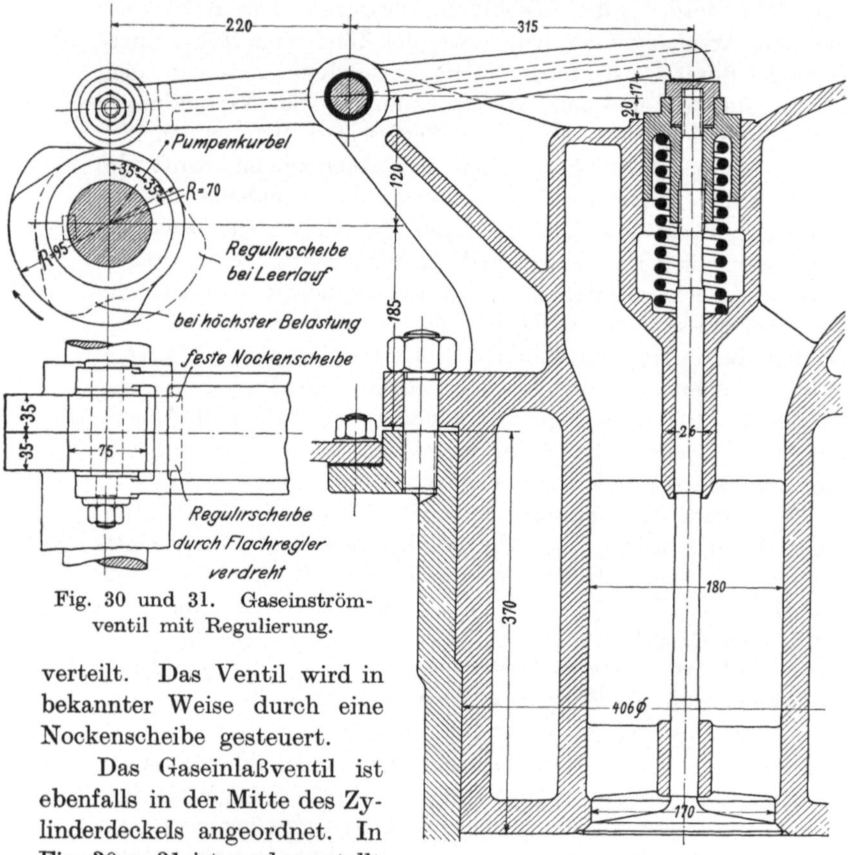

Fig. 30 und 31. Gaseinström-
ventil mit Regulierung.

verteilt. Das Ventil wird in bekannter Weise durch eine Nockenscheibe gesteuert.

Das Gaseinlaßventil ist ebenfalls in der Mitte des Zylinderdeckels angeordnet. In Fig. 30 u. 31 ist es dargestellt und hier ist auch die Regulierung zu erkennen. Es handelt sich ja bei der Regulierung darum, zu bewirken, daß das Ventil während des Rückhubes des Pumpenkolbens mehr oder minder lang geöffnet bleibt, und dies wird dadurch bewirkt, daß eine Nockenscheibe, auf der eine in dem einen Ende eines zweiarmigen Hebels gelagerte Rolle läuft, mehr oder weniger durch einen Flachregler verdreht wird, sodaß das Niedergehen der Rolle und damit das Schließen des Ventils je nach der Belastung früher oder später erfolgt. Da das Ventil sich jedoch immer bei demselben Punkte öffnen muß, ist neben der Regulierscheibe eine feste Nockenscheibe angeordnet und mit der Steuerwelle verkeilt, die ein Öffnen des Ventils unabhängig von der Schlußbewegung bewirkt. Die Rolle ist so breit, daß sie auf beiden Nockenscheiben aufläuft. Es ist dies also eine äußerst einfache Regulierung, die so empfindlich ist, wie kaum die beste Dampfmaschinenregulierung, da der Regulator vollkommen entlastet ist, weil die zum Öffnen des Ventils nötigen Kräfte überhaupt nicht in denselben hineinkommen, beim Ablaufen der Rolle dagegen die auf eine Verdrehung der Scheibe wirkenden Kräfte wegen der schnellen Bewegung derselben infolge des Beschleunigungswiderstandes des Ventils und des Rollenhebels verschwindend gering, unter Umständen sogar gleich Null werden.

Der zur Kühlung nötige Wassermantel ist aus Blech hergestellt, was bei einer sorgfältigen Durcharbeitung der Verbindungsstellen keine Schwierigkeiten bietet. Es hat dies den großen Vorteil, daß sich dadurch wesentlich einfachere Gußstücke und eine ungehinderte Wärmeausdehnung ergeben. Den oberen Abschluß des Wassermantels bildet ein Deckel, der an Flanschen der Zylinder befestigt ist. Auf diesem Deckel ist zugleich die in bekannter Weise angetriebene Steuerwelle gelagert und deshalb ist der Deckel noch der größeren Stabilität wegen durch eine senkrechte Stütze gehalten.

Die Wärmeisolierung besteht aus einer Lage Asbestpappe, über der ein dünnes, in die richtige Form gepreßtes Stahlblech liegt. Das Stahlblech ist am Rand umgebörtelt und hier durch Schrauben befestigt, sodaß also die Befestigungsschrauben vollständig gesichert sind. Um ein Verwerfen der Isolierschicht, wie es durch die hohen Temperaturen eintreten könnte, zu vermeiden, sind die bekleideten Flächen möglichst kugelförmig gestaltet.

Die Spülluftpumpe, die nicht weiter detailliert wurde, weil sie ein normales Gebläse ist, wird durch einen Balancier nach Art der Kondensatorpumpen bei Dampfmaschinen vom Pumpenkreuzkopf aus angetrieben. Sie drückt die Luft in ein möglichst großes Sammelgefäß hinein.

Das Anlassen der Maschine kann natürlich in derselben Weise geschehen wie bei Explosionsmotoren, z. B. durch Druckluft. Das Anlaßventil ist hier weggelassen, da es ja mit der charakteristischen Eigentümlichkeit der Maschine nichts zu tun hat.

2. Berechnung der Abmessungen.

Arbeits-
zylinder.
Wir legen das Diagramm Tafel III zugrunde. In demselben ist der wirksame mittlere Druck, d. h. der mittlere Druck der Arbeitsdiagrammfläche vermindert um die Pumpendiagrammfläche, = **4,8 kg/qcm.**

Nehmen wir einen Hub = 800 mm an, so ist die mittlere Kolbengeschwindigkeit bei 120 Umdr./min.

$$\frac{2 \cdot 0,80 \cdot 120}{60} = \textbf{3,2 m/sec.}$$

Die Kolbenfläche F ergibt sich dann bei einer Leistung von 350 PS i. und einfach wirkendem Kolben aus der Gleichung

$$\frac{3,2 \cdot 4,8 \cdot F}{2} = 350 \cdot 75 \text{ zu } F = \textbf{3420 qcm;}$$

wir nehmen einen Durchmesser

$$D = \textbf{660 mm} \text{ mit } F = \textbf{3421 qcm.}$$

Pumpen-
zylinder.
Das Hubvolumen des Arbeitszylinders beträgt $3421 \cdot 80 = 273\,680$ ccm. Dieses Volumen ist im Diagramm durch eine Strecke = 330 mm dargestellt. Das Hubvolumen der Pumpe ist durch eine Strecke = 91 mm dargestellt. Also ist das wirkliche Hubvolumen der Pumpe

$$\frac{273\,680 \cdot 91}{330} = \textbf{75\,470 ccm;}$$

wir nehmen dasselbe wegen der Verluste während der Verbrennung um $15\,^0/_0$ größer, also

$$75470 \cdot 1,15 = \textbf{86\,790 ccm.}$$

Nehmen wir nun den Kolbenhub = 700 mm, so ist die Kolbenfläche

$$\frac{86\,790}{70} = 1240 \text{ qcm};$$

wir nehmen einen Durchmesser $= 400$ mm mit einer Fläche $= 1257$ qcm.

Bei einem volumetrischen Wirkungsgrad von $70^0/_0$ beträgt also dann die wirklich geförderte Gasmenge

$$1257 \cdot 70 \cdot 0,7 = 61\,590 \text{ ccm}.$$

Diese Gasmenge nimmt am Ende der Kompression auf 25 at einen Raum von $\dfrac{61\,590}{12} = 5132$ ccm ein (vgl. Seite 79). Aus den Fig. 21—26 ergibt sich, daß die Luftmenge, die aus dem Schieber und der Mischvorrichtung weggeschoben werden muß, bevor das Gas an die Zündstelle gelangt, 450 ccm beträgt. Das Mindestvolumen des Verdrängers ist also $= 5132 + 450 = 5582$ ccm. Wir nehmen dasselbe der Sicherheit wegen, damit nach erfolgtem Gasaustritt noch Luft nachgeschoben wird, $20^0/_0$ größer an, also $5582 \cdot 1,2 = 6698$ ccm. Wir wählen den Durchmesser des Verdrängerkolbens $= 340$ mm, denjenigen der Stange $= 38$ mm, sodaß also der wirksame Querschnitt $= 908 - 11 = 897$ qcm ist. Wählen wir den Hub zu 75 mm, so bekommen wir ein **Verdrängervolumen $= 6728$ ccm.**

Die 5132 ccm Gas entsprechen im Diagramm, da 273 680 ccm einer Strecke von 330 mm entsprechen, $\dfrac{330}{273\,680} \cdot 5132 = 6{,}2$ mm, also ist in der Gleichung 7, Seite 106, $b = 6{,}2$. Der Wert c ist 35,8, also ist

$$\frac{\text{Volumengeschw. des Verdrängerkolbens}}{\text{Volumengeschw. des Arbeitskolbens}} = \frac{6{,}2}{35{,}8} = \frac{1}{5{,}8}.$$

Ist nun

$$v = \text{Kolbengeschw. des Verdrängerkolbens}$$
$$v_1 = \text{Kolbengeschw. des Arbeitskolbens,}$$

so ist

$$\frac{897 \cdot v}{3421 \cdot v_1} = \frac{1}{5{,}8}, \text{ also } \frac{v}{v_1} = \frac{1}{1{,}52}.$$

Durch die Hebelübersetzung zwischen dem Verdrängerkolben und der Rolle wird die Geschwindigkeit dieser Rolle, die wir mit w bezeichnen wollen, noch reduziert im Verhältnis

$$\frac{w}{v} = \frac{185}{350} = \frac{1}{1,89} \cdot$$

Es ist also

$$\frac{w}{v_1} = \frac{1}{1,89} \cdot \frac{1}{1,52} = \frac{1}{2,87} \cdot$$

Es verhalten sich also auch die in den gleichen Zeiten, also bei denselben Kurbeldrehwinkeln zurückgelegten Wegstrecken der Rolle und des Arbeitskolbens wie $1:2,87$. Wir können daher die Kurve des Nockens dadurch bestimmen, daß wir einen Kurbelkreis mit dem Radius $\frac{1}{2,87}$ tel des wirklichen Arbeitskurbelradius zeichnen und nun die hierbei bei möglichst kleinen und einander gleichen Kurbeldrehwinkeln gefundenen Kolbenwege auf den denselben Kurbeldrehwinkeln entsprechenden Radien der Nockenscheibe abtragen. In dieser Weise wurde die in Fig. 27 dargestellte Kurve der Scheibe bestimmt. Bevor die Rolle auf die in dieser Weise gefundene Kurve aufläuft, muß sie noch wegen des Abschließens der Ausfräsungen in der Verdrängerwand (wofür wir einen Kolbenweg $= 3$ mm annehmen), sowie wegen des Vorausschiebens der vor dem Gas befindlichen Luft einen Weg von $\left(\frac{450}{897} + 0,3\right) \cdot \frac{185}{350} = 4\,\text{mm}$ machen, und nachher muß sie noch den für das Nachausschieben der Luft erforderlichen Hub zurücklegen. Diese Teile der Kurve wurden natürlich mit dem vorher gefundenen durch entsprechende Abrundungen zu einem gleichmäßig verlaufenden Nocken vereinigt. Die ganze Erhebung der Rolle beträgt $75 \cdot \frac{185}{350} = 40\,\text{mm}$. Der ganze Verlauf der Kurve zeigt nach den Erfahrungen im Gasmotorenbau auch ohne genaue Berechnung der Beschleunigungskräfte, die hier zu weit führen würde, daß eine übermäßige Beanspruchung der einzelnen Teile nicht zu befürchten ist.

Zündungsluftverdränger.   Die heiße Zündungsluft soll während der ganzen Verdrängerbewegung ausströmen. Nehmen wir den Durchmesser der Kolbenstange des Verdrängerkolbens $= 25\,\text{mm}$ an, so ist die wirksame Fläche des Zündungsluftverdrängers $= 11,3 - 4,9 = 6,4\,\text{qcm}$ und demnach das verdrängte Volumen $= 6,4 \cdot 7,5$

$= 48$ ccm. Das Kompressionsverhältnis beträgt bei einem Exponenten $n = 1{,}4$ (vgl. S. 79) $1 : 10$. Es muß also im ganzen ein Volumen $= 480$ ccm innerhalb des Heizmantels untergebracht werden. Bei einem Durchmesser des Zündungsluftrohres $= \mathbf{20\ mm}$ ist also die Länge desselben innerhalb des Heizmantels $= \dfrac{480}{3{,}14}$ $= \mathbf{153\ cm}$. Das Ausflußröhrchen der Zündungsluft nehmen wir mit $\mathbf{10\ mm}$ Durchmesser an.

Die Verbrennung ist bei einem Kurbelwinkel $= 38^0$ beendigt. Da die Umdrehungsgeschwindigkeit des Kurbelzapfens $= \dfrac{2{,}51 \cdot 120}{60} = 5$ m/sec beträgt, so ist also die **Kolbengeschwindigkeit am Ende der Verbrennung**

$$5 \cdot \sin 38^0 = \mathbf{3{,}1\ m/sec.}$$

Die Geschwindigkeit des Verdrängerkolbens in diesem Punkte ist also $= \dfrac{3{,}1}{1{,}52} = 2$ m/sec. Nehmen wir eine Maximalgeschwindigkeit im Aufnehmerventil und im Mischer $= 60$ m/sec an, so ist der erforderliche **Querschnitt**

$$\frac{897 \cdot 2}{60} = \mathbf{30\ qcm.}$$

Dieser Querschnitt ist erreicht durch ein Ventil von 80 mm Durchmesser und 12 mm Hub. Im Mischer ist dieser Querschnitt erreicht bei 25 Platten, wenn der Kanal in jeder Platte 1 mm tief und 120 mm breit ist. Die Dicke dieser Platten beträgt 1,5 mm.

Der Luftquerschnitt im Mischer bei 26 Platten, einer Kanaltiefe $= 2$ mm und einer geringsten Kanalbreite $= 100$ mm beträgt **52 qcm**. Der Querschnitt in den Luftrohren ist bei 60 mm Durchmesser $= 2 \cdot 28. = \mathbf{56\ qcm}$. Da das Verhältnis der zur Verbrennung nötigen Luft zum Gas etwa $1 : 1$ ist, so ist also dieser Luftquerschnitt reichlich groß. Die Schlitze können, wenn sich das Bedürfnis herausstellen sollte, bei dieser Konstruktion des Mischers noch wesentlich enger gewählt und dementsprechend mehr Platten angeordnet werden, sodaß damit eine vollkommene Mischung bewirkt werden kann.

Die maximale Kolbengeschwindigkeit des Pumpenkolbens ist $\dfrac{2{,}20 \cdot 120}{60} = \mathbf{4{,}4\ m/sec}$. Da die Kolbenfläche $= 1257$ qcm ist, müßte also das Ventil bei einem in normaler Weise arbeitenden Kompressor, wenn wir eine zulässige Maximalgeschwindigkeit des Gases $= 35$ m/sec annehmen, einen Querschnitt

$$= \frac{4,4 \cdot 1257}{35} = 158 \text{ qcm haben.}$$

· In vorliegendem Falle genügt also ein Ventilquerschnitt (vgl. S. 98)

$$\frac{158}{3} = \mathbf{53\ qcm.}$$

Dieser Querschnitt ist bei dem in Fig. 21—22 dargestellten Plattenventil bei einem Hub $= 10$ mm erreicht.

Aufnehmer.   Den Querschnitt des Aufnehmers können wir etwas kleiner nehmen als den des Ventils, da hier schon durch die Kühlung das Gasvolumen kleiner wird, und da wir außerdem aus konstruktiven Gründen den Querschnitt überall gleich ausführen, trotzdem die Strömungsgeschwindigkeit auf den Verdränger zu wesentlich abnimmt. Wir nehmen denselben $= 48$ qcm. Die Form des Querschnittes zeigt Fig. 25.

Das Aufnehmervolumen ist im Diagramm durch eine Strecke $= 12$ mm dargestellt, das Gasvolumen am Ende der Kompression durch eine Strecke $= 6$ mm. Da nun das wirkliche Gasvolumen am Ende der Kompression $= 5132$ ccm ist, so ist das Aufnehmervolumen $= 5132 \cdot 2 = 10264$ ccm. Die

Länge des Aufnehmers ist also $= \dfrac{10264}{48} = 214$ cm.

Bei voller Belastung ist die Länge der Gassäule im Aufnehmer bei 25 at

$$\frac{5132}{48} = \mathbf{107\ cm.}$$

Querschnitt des Gaseinströmventils.   Wir nehmen eine maximale Gasgeschwindigkeit $= 30$ m/sec: dann ergibt sich bei 4,4 m/sec maximaler Kolbengeschwindigkeit und 1257 qcm Kolbenfläche ein Querschnitt

$$\frac{4,4 \cdot 1257}{30} = 184 \text{ qcm.}$$

Wir nehmen ein Tellerventil von **170 mm** Durchmesser, das bei

35 mm Hub einen Durchgangsquerschnitt = 187 qcm gibt. Der

Rollenhub beträgt $35 \cdot \dfrac{220}{315} = \mathbf{25\ mm}$.

Der Kompressionsraum ist im Diagramm durch eine Strecke = 39 mm dargestellt. Er ist also

$$\frac{273\,680}{330} \cdot 39 = 32\,340 \text{ ccm}.$$

Kompressionsraum des Arbeitszylinders.

Dieser Raum wird gebildet durch folgende Teile, deren Inhalte nach den Konstruktionszeichnungen berechnet wurden, natürlich mit den in diesem Entwurf zulässigen Abrundungen:

Aufnehmer . . . . 10 300 ccm
Verdränger mit Kolbenspiel und Verbindungskanal 7 900 ,,
Luftrohre . . . . 4 300 ,,
Zündrohr und Zündverdränger . . . . 700 ,,
Verbrennungskanal . . . . 1 700 ,,
Verbrennungsraum über dem Arbeitskolben . . 7 440 ,,
$$\overline{ 32\,340 \text{ ccm}}$$

Das Volumen der bei jedem Arbeitsspiel in den Kreisprozess eintretenden Luft beträgt

$$32\,340 + 273\,680 \cdot 0{,}91 = 281\,390 \text{ ccm}.$$

Querschnitt des Lufteinströmventils.

Der Sicherheit wegen nehmen wir $10^0/_0$ mehr, also

$$281\,390 \cdot 1{,}1 = \mathbf{310\,000\ ccm}.$$

Nehmen wir an, daß bei 25° Kurbelstellung vor dem Totpunkt der Druckausgleich erfolgt sei, daß also hier die Lufteinströmung beginnen kann, so steht uns, da sie bei 35° hinter dem Totpunkt wieder aufhört, ein Kurbelwinkel von 60° für das Durchblasen zur Verfügung. 360° entsprechen einer Zeit von $^1/_2$ Sek., also entspricht ein Winkel von 60° einer Zeit von $^1/_{12}$ Sekunde. Auf eine Sekunde bezogen müßten also $310\,000 \cdot 12 = 3\,720\,000$ ccm/sec. durch das Ventil durchtreten.

Die Ausflußgeschwindigkeit der Luft berechnet sich nach Güldner, ,,Verbrennungsmotoren'', S. 185 u. 186, bei einem Druck im Luftbehälter von 1,15 at und einem Gegendruck im Arbeitszylinder von 1,05 at, wenn die Temperatur = 300° abs. ist, zu $w = 70$ m/sec. Der Ventilquerschnitt ist also

$$\frac{3720000}{7000} = 530 \text{ qcm.}$$

Wir nehmen ein Tellerventil von **280** mm Durchmesser, das bei einem Hub = **60** mm einen Querschnitt = 530 qcm gibt.

Querschnitt der Auspuffschlitze. Die Auspuffschlitze sollen im ganzen eine Länge von zwei Drittel des Umfanges, also von $\frac{2074 \cdot 2}{3} = 138$ cm haben. Im Totpunkt des Arbeitskolbens ist also, da einem Kurbelwinkel von 35^0 ein Kolbenweg von $80 \cdot 0{,}091 = 7{,}3$ cm entspricht, ein Querschnitt von $138 \cdot 7{,}3 = 1000$ qcm freigelegt. Um einen schnelleren Druckausgleich zu erzielen, können die Schlitze noch etwas über 7,3 cm nach oben verlängert werden, ohne daß an Arbeit wesentlich eigebüßt wird. Bezüglich der Kompression ist dies auch zulässig, da diese ja schon mit einem kleinen Überdruck über die Atmosphäre beginnt, was bei Aufzeichnen des Diagramms nicht berücksichtigt wurde. Der durch die Auspuffschlitze erzielte Querschnitt ist also vollkommen ausreichend.

Die Spülluftpumpe. Die zu fördernde Luftmenge beträgt 310 000 ccm pro Hub. Bei einem volumetrischen Wirkungsgrad von $95^0/_0$ wird diese Luftmenge durch eine doppelt wirkende Pumpe von **560** mm Kolbendurchmesser, **200** mm Kolbenstangendurchmesser und **700** mm Hub gefördert.

Arbeit der Spülluftpumpe. Die Arbeit pro Hub ist bei 0,15 at mittlerer Spannung $310 \cdot 0{,}15 = 46{,}5$ Literatmosphären = 465 mkg. Also ist die Arbeit pro Sekunde $2 \cdot 465 = 930$ mkg = **12,4** PS. Dieselbe beträgt also $\frac{12{,}4 \cdot 100}{350} = \mathbf{3{,}5}\,^0/_0$ der Gesamtleistung der Maschine.

Die Steuerung. Die Steuerung der Maschine, die durch eine parallel zur Kurbelwelle liegende Steuerwelle bewirkt wird, muß so arbeiten, daß bei Beginn der Gaseinströmung der Verdränger wieder unten steht und das Aufnehmerventil geschlossen ist. Um die Abwärtsbewegung des Verdrängers durch denselben Nocken zu bewirken wie die Aufwärtsbewegung desselben können wir jedoch auch das letzte Stück der Abwärtsbewegung ausführen lassen, während schon bei voller Belastung etwas Gas in den Aufnehmer einströmt. Das Aufnehmerventil muß natürlich früher geschlossen werden, und es entsteht also dann im Aufnehmer eventuell ein geringer Unterdruck, der jedoch wieder ausgeglichen wird, sobald der Verdrängerkolben in seine unterste Stellung gelangt, wo er die Ausfräsungen in der Wand freilegt.

Zur Kontrolle der Rechnung wollen wir noch den thermischen Wirkungsgrad auf Grund der hier gefundenen Abmessungen bestimmen.

Rechnen wir die $15\,^0/_0$, um welche das Pumpenvolumen wegen der voraussichtlichen Wärmeverluste vergrößert wurde, wieder ab, so ist die in den Kreisprozeß eingetretene Gasmenge $= 61590 \cdot 0{,}85 = 52352$ ccm. Die bei jedem Arbeitsspiel eingetretene Wärmemenge ist also $0{,}052352 \cdot 1180 = 61{,}775$ cal.

Diese Wärmemenge würde bei voller Ausnutzung $61{,}775 \cdot 428 = 26440$ mkg leisten.

Es sind jedoch in einer Sekunde $350 \cdot 75 = 26250$ mkg, also, da in einer Sekunde zwei Umdrehungen stattfinden, pro Hub nur 13125 mkg geleistet worden.

Der thermische Wirkungsgrad ist also

$$\frac{13125 \cdot 100}{26440} = 49\,^0/_0.$$

Es ist dies derselbe Wert, der aus dem Diagramm gefunden wurde, und wir haben somit den Beweis, daß die Berechnungen richtig sind, und daß die Abmessungen der Maschine der verlangten Leistung tatsächlich entsprechen.

Die Festigkeitsberechnungen wurden natürlich, um die Maschine richtig entwerfen zu können, durchgeführt. Die Wiedergabe derselben würde jedoch hier zu weit führen.

3. Zwangläufigkeit der Verbrennung bei nicht konstanter Spannung.

Es erübrigt noch, an Hand des Ausführungsbeispieles den Verbrennungsvorgang zu betrachten, der eintritt, wenn während der Verbrennung die Spannung nicht konstant bleibt, und wir müssen vor allem untersuchen, ob nicht durch irgend welche Veränderungen in den der Berechnung zugrunde gelegten Werten die Spannung eine unzulässige Höhe annehmen kann und die Verbrennung nicht mehr sicher beherrscht wird.

Nehmen wir den Fall an, daß die Kühlung während eines Teiles der Arbeitsspiele besser wirkt, als bei der Berechnung der Abmessungen und der Geschwindigkeit des Verdrängerkolbens angenommen wurde, so wird während der Verbrennung die Spannung steigen, da ja dann die in jedem Zeitelement in den Verbrennungsraum eintretende Wärmemenge größer geworden ist, weil das Gas auf ein kleineres Volumen zusammengepreßt wurde, als bei der Bestimmung der Verdrängergeschwindigkeit zugrunde gelegt wurde. . Durch diese Spannungszunahme wird jedoch wieder die Geschwindigkeit des in den Verbrennungsraum eintretenden Gasstromes verkleinert, da jetzt hier derselbe Vorgang eintritt, den wir bei der für die Berechnung des Rückschlagventils maßgebenden Geschwindigkeitsbestimmung betrachtet hatten. Die durch die zu schnelle Wärmezuführung bedingte Spannungszunahme und die durch diese Spannungszunahme bedingte Verminderung der Wärmezufuhr werden sich das Gleichgewicht halten, und es wird dieser Gleichgewichtszustand bei einer ganz genau bestimmten Spannungskurve eintreten.

Es ist nur durch eine eingehende mathematische Entwicklung möglich, diese Spannungskurven genau festzulegen. Da wir jedoch das Arbeitsverfahren vom Standpunkte des Ingenieurs aus prüfen wollen, so ist es für uns viel wichtiger, wenn wir in möglichst durchsichtiger und klarer Untersuchung das Wesen des Vorganges erfassen. Vor allem müssen wir erkennen, ob nicht durch irgend welche Unregelmäßigkeiten die Spannung übermäßig hoch steigen kann, und es genügt daher für unsere Zwecke vollkommen, wenn wir eine Grenzkurve bestimmen, über die hinaus die Spannung niemals steigen kann.

Nehmen wir den äußersten Grenzfall an, daß die Kühlung so wirksam sei, daß eine Temperaturerhöhung des Gases während der Kompression überhaupt nicht stattfindet (isothermische Kompression), so nimmt die in den Kreisprozeß eingetretene Gasmenge, die bei 1 at ein Volumen $= 61590$ ccm hat, bei 25 at Spannung ein Volumen $= \dfrac{61590}{25} = 2464$ ccm ein

und wenn nunmehr auch eine Spannungszunahme während der Verbrennung vermieden werden sollte, so müßte die Geschwindigkeit, mit der das Gas in den Verbrennungsraum einströmt, gegenüber der bei dem Ausführungsbeispiel entstehenden Geschwindigkeit in dem Verhältnis 5132 : 2464, also rund 2 : 1 abnehmen.

Wenn wir nun die Spannungszunahme bestimmen, die nötig ist, um die durch die Bewegung des Verdrängerkolbens bedingte Gasgeschwindigkeit auf die Hälfte zu verringern, so haben wir damit eine Grenzkurve gefunden, die nicht nur niemals überschritten werden kann, sondern die sogar niemals erreicht werden kann, weil ja, wenn sie erreicht würde, die Geschwindigkeit schon so sehr verzögert würde, daß eine Spannungssteigerung überhaupt nicht mehr stattfindet.

Wenn in einem Zylinder (Fig. 32) durch eine während der Bewegung des Kolbens eintretende Spannungssteigerung bewirkt werden soll, daß die Geschwindigkeit der Gasteilchen nach rechts in dem Querschnitt $c\,d$ nur halb so groß ist als diejenige in dem Querschnitt $a\,b$, also als die Geschwindigkeit des Kolbens selbst, so werden auch in gleichen Zeiten nur die halben Volumina bei $c\,d$ zurückgelegt. Wenn wir also den Kolben um das Volumen x bewegen, haben die in dem Querschnitt $c\,d$ befindlichen Gasteilchen das Volumen $\dfrac{x}{2}$ zurückgelegt. Das Anfangsvolumen v hat also abgenommen auf $v_1 = v - x + \dfrac{x}{2} = v - \dfrac{x}{2}$. Bezeichnen wir nun die Spannung beim Volumen v mit p, die Spannung beim Volumen v_1 mit p_1, so ist, ebenfalls isothermische Kompression vorausgesetzt,

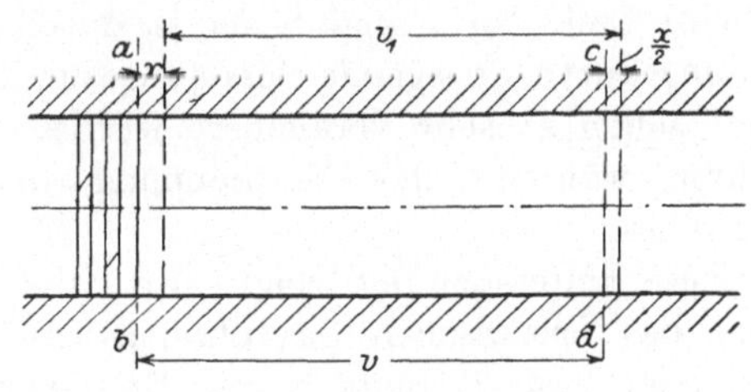

Fig. 32.

$$\frac{p_1}{p} = \frac{v}{v - \dfrac{x}{2}}.$$

Hierin ist $p = 25{,}2$ at, $v =$ dem zwischen Verdrängerkolben und Mischer liegenden Volumen des Aufnehmers und Verdrängers bei der der Totlage des Arbeitskolbens entsprechenden Stellung des Verdrängerkolbens, in diesem Falle also $v =$ rd. 17000 ccm. Der Wert x, d. h. das bei einer bestimmten Kurbeldrehung — von der Totlage aus gemessen — vom Verdrängerkolben zurückgelegte Volumen kann mit Leichtigkeit aus den Abmessungen des Getriebes, wie sie in Fig. 27 angegeben sind, berechnet werden.

Unter Einsetzung dieser Werte wurde aus obiger Gleichung die in Tafel III eingetragene Spannungskurve $b\,l$ ermittelt. Die höchste Spannung am Ende der Verbrennung beträgt hiernach etwa 29,5 at. Die wirkliche Spannungskurve wird natürlich unter der Grenzspannungskurve $b\,l$ verlaufen, etwa wie die gestrichelte Linie $b\,m\,c$ angibt, da ja durch eine nach der Grenzspannungskurve erfolgende Spannungszunahme die Gasgeschwindigkeit schon so sehr verkleinert würde, daß eine Spannungszunahme während der Verbrennung überhaupt nicht mehr möglich ist.

Diese Untersuchung zeigt also, daß selbst bei einer Abnahme des spezifischen Gasvolumens auf die Hälfte des normalen oder, was dasselbe wäre, bei einer Zunahme des Heizwertes auf das Doppelte nur eine unbedeutende Spannungszunahme eintritt, daß also ein infolge irgend welcher Unregelmäßigkeiten erfolgendes übermäßiges Anwachsen der Spannung überhaupt nicht stattfinden kann. Die Schwankungen im spezifischen Volumen und im Heizwert werden nun in Wirklichkeit lange nicht so bedeutend sein, wie hier angenommen wurde, besonders wenn eine möglichst vollkommene Kühlung des Gases durch die konstruktive Gestaltung des Aufnehmers gewährleistet wird und wenn andererseits ein Gassammler angeordnet wird, wie es bei großen Anlagen so wie so zu empfehlen ist. Diese Schwankungen, die, nebenbei bemerkt, auf keinen Fall plötzlich eintreten, werden also nur einen ganz unwesentlichen Einfluß auf die Verbrennungslinie ausüben.

Eine Änderung im spezifischen Volumen, d. h. eine Schwankung in der Wirksamkeit der Kühlung wird hauptsächlich eintreten bei einer Änderung der Umdrehungszahl der Maschine, und da diese Schwankung, selbst wenn sie ihr Maximum erreichen sollte, immer nur einen unbedeutenden Einfluß auf die Verbrennungslinie ausübt, so erkennen wir, daß also in dieser Beziehung einer beliebigen Änderung der normalen Umdrehungszahl nichts im Wege steht. Durch richtige Bemessung der Gas- und Luftquerschnitte im Mischer kann auch bewirkt werden, daß selbst bei kleinster Umdrehungszahl noch ein hinreichendes Ansaugen von Verbrennungsluft stattfindet, besonders da wir mit der maximalen Gasgeschwindigkeit in den Schlitzen des Mischers sehr hoch gehen können, weil ja die hierdurch bedingten Drosselverluste im Vergleich zu der Gesamtarbeit ganz verschwindend gering sind.

Wir sehen also, daß dieses Arbeitsverfahren eine Änderung der Umdrehungszahl in weiten Grenzen zuläßt, und es ist damit eine Verbrennungsmaschine geschaffen, die eine Leistungsregulierung in derselben einfachen Weise zuläßt, wie die Dampfmaschine.

Die Zwangläufigkeit der Verbrennung ist auch durch die hier betrachtete Änderung der Spannungskurve in keiner Weise gestört, da ja der Vorgang der Verminderung der Gasgeschwindigkeit durch die Spannungszunahme unbedingt so erfolgen muß und nur so erfolgen kann, wie er hier geschildert wurde. Der Raum, aus dem das Gas ausströmt, steht ja während dieses Ausströmens nur durch die Ausströmungsöffnung selbst mit dem Verbrennungsraum in Verbindung, und es kann sich daher eine Spannungszunahme in diesem Verbrennungsraum einzig und allein dadurch in den Aufnehmerraum und den Verdrängerraum fortsetzen, daß die Geschwindigkeit des aus diesen letzteren Räumen austretenden Gases vermindert wird; da nun hier immer eine absolut gleichmäßige Bewegung und stets eine allmähliche Änderung der Geschwindigkeiten durch das Getriebe bedingt ist, so ist es vollkommen ausgeschlossen, daß plötzlich zu viel Gas in den Verbrennungsraum einströmt und daß damit ein explosionsartiges Anwachsen der Spannung erfolgt.

H. Die Mittel zur weiteren Verbesserung des thermischen Wirkungsgrades.

Wir haben aus der eingehenden konstruktiven Bearbeitung des Entwurfes gesehen, daß keinerlei Konstruktionsschwierigkeiten oder gar Unmöglichkeiten die Durchführbarkeit des Arbeitsverfahrens beeinträchtigen. Die abstrakten Gedanken und Erwägungen wurden durch diesen Entwurf in eine konkrete Form gebracht und an Hand dieser konkreten Form können wir jetzt auch zum Schluß noch erkennen, welche Mittel wir noch anwenden können, um den thermischen Wirkungsgrad weiter zu verbessern.

Zunächst ist es ohne weiteres klar, daß der thermische Wirkungsgrad durch Erhöhen der Kompressionsendspannung vergrößert werden kann. Eine derartige Erhöhung der Maximalspannung ist bei diesem Arbeitsverfahren, bei dem die höchste Verdichtung des Gases in einem außerordentlich stark gekühlten Raume stattfindet, ohne jede Gefahr für Frühzündungen möglich, und eine Grenze ist hier nur in maschinentechnischer Beziehung gezogen, da ja bei allzu großer Maximalspannung das Getriebe zu gewaltig ausfällt und außerdem zu große Anforderungen an die Ventil- und Kolbendichtungen gestellt werden. Wir werden jedoch wahrscheinlich mit der Höchstspannung noch etwas höher gehen können als 25 at, und in dem folgenden Diagramm ist eine solche von 33 at angenommen.

Wir sahen, daß der thermische Wirkungsgrad des wirklichen Diagramms auch noch dadurch kleiner wurde als derjenige des Idealdiagrammes, daß das Expansionsvolumen kleiner ist als das Kompressionsvolumen. Wir können dem jedoch in einfachster Weise dadurch abhelfen, daß wir das Lufteinströmventil am Arbeitszylinder noch nicht sofort schließen, nachdem die Auspuffschlitze vom Kolben geschlossen wurden, sondern daß wir einen Teil der in den Arbeitszylinder eingetretenen Spülluft wieder in den Spülluftbehälter zurückschieben. Es ist hiermit ja ein kleiner Arbeitsverlust verbunden, aber derselbe ist unbedeutend, besonders auch dadurch, daß die Spülluftpumpe selbst diesem zurückgeschobenen Volumen entsprechend kleiner ausgeführt werden kann. Dieselbe

Wirkung könnte auch ohne ein Zurückschieben von Spülluft durch Anordnung eines besonderen Auspuffventils erreicht werden, jedoch verzichteten wir hierbei auf die praktischen Vorteile der Auspuffschlitze, was nicht zu empfehlen ist.

Bei dieser Verzögerung des Kompressionsbeginns im Arbeitszylinder würde jedoch, wenn wir allein durch die richtige Wahl des Voreilwinkels zwischen Pumpenkurbel und Arbeitskurbel ein Heraustreten des Gases aus dem Aufnehmer in den Verdränger verhüten wollten, der volumetrische Wirkungsgrad der Pumpe zu klein oder aber der Voreilwinkel zu klein und

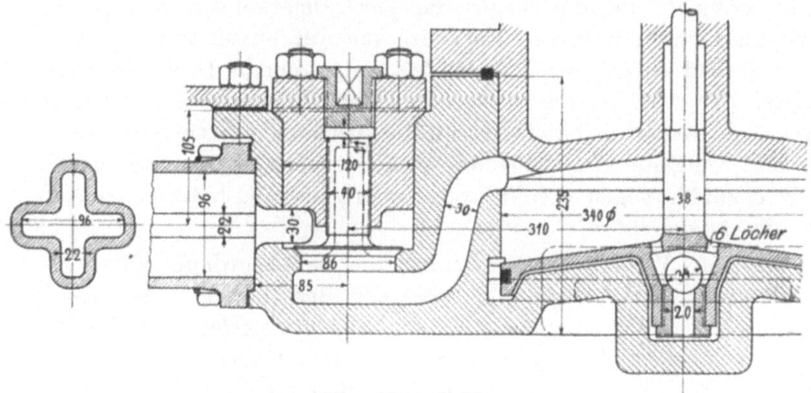

Fig. 33 und 34.
Verdränger mit Rückschlagventil am Aufnehmeranschluß.

damit die Maximalspannung in der Pumpe zu groß werden. Wir müssen deshalb den Kompressionsbeginn im Pumpenzylinder von demjenigen im Arbeitszylinder unabhängig machen, damit wir in der Pumpe die Kompression früher beginnen lassen können als im Arbeitszylinder, und dies können wir in einfachster Weise erreichen, wenn wir auch zwischen Aufnehmer und Verdränger ein Rückschlagventil anordnen, das zum Aufnehmer hin sich öffnet, durch das also das Ausschieben des Gases durch den Verdrängerkolben in keiner Weise beeinträchtigt wird. Damit hängt allerdings zusammen, daß wir auch in dem Verdrängerkolben selbst oder in einem Umführungskanal ein kleines Ventilchen anordnen müssen, durch welches beim Abwärtsgang des Verdrängerkolbens ein Druckausgleich zwischen dem über demselben und dem unter ihm befindlichen

Raume bewirkt wird. Diese Anordnung zweier weiterer Ventile bedeutet keine wesentliche Komplikation der Maschine, da dieselben sehr klein ausfallen, und da sie, weil für die Schlußbewegung Zeit genug zur Verfügung steht, einfach als Gewichtsventile ausgeführt werden können.

In Fig. 33 und 34 sind diese Ventile dargestellt. Das Ventil im Verdrängerkolben ist einfach als Kugelventil ausgebildet, dasjenige am Aufnehmer als Tellerventil, bei dem die zylindrische Führung, in die einige Längskanäle eingefräst sind, zugleich als Luftpuffer wirkt. Eine genügende Abdichtung ist leicht erreicht, da das Ventil im Verdrängerkolben fast gar nicht zu dichten braucht, das Ventil am Aufnehmer nur gegen den während einer ganz kurzen Zeit auftretenden Druckunterschied, der z. B. bei dem folgenden Diagramm im Maximum etwa 6 at beträgt, abdichten muß. Das den Aufnehmer an der anderen Seite abschließende Aufnehmerventil muß in diesem Falle ebenfalls gegen den im Aufnehmer zeitweilig herrschenden Überdruck abdichten.

In Tafel V sind die Diagramme, die bei Anordnung dieser Ventile entstehen, angegeben. Bei der Berechnung derselben wurde eine Maximalspannung $= 33$ at zugrunde gelegt und dasselbe Gas wie früher angenommen. Bei einer Höchsttemperatur $= 1600^0$ ergab sich dann ein erforderliches Gewichtsverhältnis $\frac{Gas}{Luft} = \frac{1}{5}$ und ein Volumenverhältnis bei atmosphärischer Spannung $\frac{Gas}{Luft} = \frac{1}{4}$.

Der Exponent für Gas wurde zu $n = 1{,}25$, der Exponent für Luft zu $n = 1{,}4$ angenommen. Eine in derselben Weise wie bei den früheren Diagrammen durchgeführte Berechnung ergab für die einzelnen Räume folgende Werte:

Hubvolumen der Pumpe. . . . . . . $= 77$ mm
Schädlicher Raum der Pumpe . . . . $= 1$ mm $= 1{,}3\,^0/_0$
Kompressionsraum . . . . $= 25$ mm
Hubvolumen des Arbeitszylinders . . . $= 330$ mm
Hubvolumen des Arbeitszylinders bei Beginn der Kompression . . . . . . $= 235$ mm

Hubvolumen des Arbeitszylinders am
Ende der Expansion . . . . $= 300$ mm
Wirksames Hubvolumen des Pumpen-
zylinders . . . . $= 65$ mm $= 84,4\,^0/_0$

Es sind also in den Kreisprozeß eingetreten 65 mm Gas und $65 \cdot 4 = 260$ mm Luft.

Das Aufnehmervolumen wurde zu 8 mm angenommen, der Voreilwinkel zu 30^0. Die Kompression im Pumpenzylinder und im Aufnehmer kann natürlich erst beginnen, wenn im Arbeitszylinder und im Aufnehmer die atmospärische Spannung wiederhergestellt und der Gasschieber geschlossen ist. Sie beginnt hier, wenn der Arbeitskolben im Totpunkt steht, also bei Punkt 2 des Kurbelweges.

Die Berechnung zeigt, daß die Kompression im Pumpenzylinder und im Aufnehmer, Linie $i\,k$, bis zum Schluß ohne Einwirkung der im Arbeitszylinder stattfindenden Kompression erfolgt, daß also das zwischen Aufnehmer und Verdränger angeordnete Ventil bis nach der Bewegungsumkehr des Pumpenkolbens geschlossen bleibt, da die bei Punkt $4'$ des Kurbelkreises, also bei a beginnende Kompression im Arbeitszylinder bei Punkt 7, also bei der Totlage des Pumpenkolbens die im Pumpenzylinder und Aufnehmer erreichte Maximalspannung von 15,6 at noch nicht erreicht hat. Diese Spannung wird erst bei Punkt $7'$ erreicht, sodaß also im Punkte b erst das Ventil sich öffnet und nun die weitere Kompression $b\,c$ in dem Aufnehmer und dem übrigen Teil des Kompressionsraumes gemeinsam erfolgt, indem durch das zwischen Aufnehmer und Verdränger liegende Ventil hindurch Luft in den Aufnehmer hineingedrückt wird, die das Gas weiter gegen das Aufnehmerventil hin zusammenpreßt. Der Verdrängerkolben muß natürlich währenddessen unten stehen, sodaß er die Ausfräsungen in der Verdrängerwand freilegt. Die Kompression $b\,c$ erfolgt nach dem mittleren Exponenten $n = 1,375$. Die übrigen Linien des Diagramms sind in bekannter Weise berechnet. Die Temperatur am Ende der Verbrennung ergibt sich zu $T_3 = 1617^0$. Für die Expansionslinie $d\,e$ wurde $n = 1,4$, für die Rückexpansionslinie $k\,l$ dagegen $n = 1,25$ angenommen.

Die Maximalspannung im Arbeitszylinder ist **33,3 at**,

diejenige im Pumpenzylinder $= \mathbf{15{,}6}$ at.   In der Pumpe ist also die Maximalspannung noch nicht halb so hoch wie im Arbeitszylinder.

Ein Planimetrieren der Flächen ergab:

$$\text{Arbeitsdiagramm} \ldots \ldots = 19260 \text{ qmm}$$
$$\text{Pumpendiagramm} \ldots \ldots = 1420 \text{ qmm}$$

Die Diagrammfläche der Pumpe ist also

$$\frac{1420 \cdot 100}{19260} = \mathbf{7{,}4\,^0/_0} \text{ der Diagrammfläche des Arbeitszylinders.}$$

Der wirksame mittlere Druck ist

$$\frac{19260 - 1420}{330 \cdot 10} = \mathbf{5{,}4}\,\text{at.}$$

Der thermische Wirkungsgrad ist

$$\frac{(19260 - 1420) \cdot 100}{1{,}180 \cdot 65 \cdot 428} = \mathbf{54{,}3\,^0/_0}.$$

Bemerkenswert ist noch, daß der erforderliche Querschnitt des zwischen Pumpe und Aufnehmer liegenden Rückschlag-ventils durch die Anordnung eines zweiten Rückschlagventils

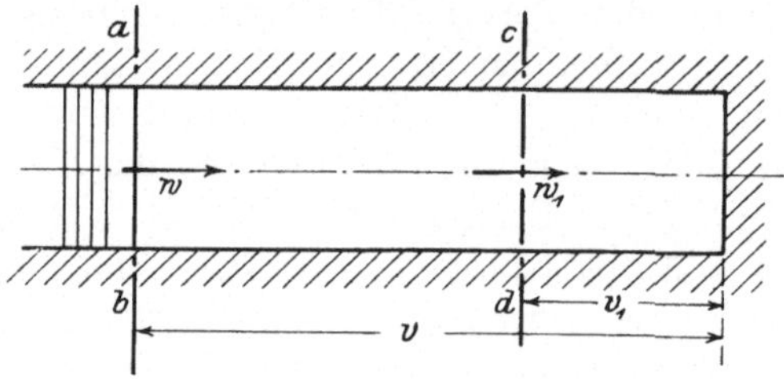

Fig. 35.

zwischen Aufnehmer und Verdränger wesentlich verkleinert wird. Die Geschwindigkeitskurve für die Bemessung desselben läßt sich jetzt bedeutend einfacher finden als vorher.   Es läßt sich leicht nachweisen und ergibt sich auch schon aus einfacher Überlegung, daß, wenn wir von einer Wirkung der Kühlung absehen, die Geschwindigkeit in irgend einem Querschnitt $c\,d$ eines geschlossenen Zylinders (Fig. 35) sich verhält zur Ge-schwindigkeit im Querschnitt $a\,b$, also zu der Kolbengeschwindigkeit, wie das hinter dem Querschnitt $c\,d$ liegende Volumen zu dem ganzen Volumen, also $\dfrac{w}{w_1} = \dfrac{v}{v_1}$. Da nun bekanntlich der Kurbelkreis selbst die Kolbengeschwindigkeit darstellt, so können die zur Berechnung der Geschwindigkeitskurve nötigen Werte w, v und v_1 direkt aus dem Diagramm entnommen werden. v_1 ist konstant und hier $= 8$. v, w und w_1 sind für einen Punkt in das Diagramm Tafel V eingetragen.

Die Geschwindigkeitskurve zeigt, daß die höchste Geschwindigkeit durch eine Strecke $= 11$ mm dargestellt ist. Die höchste Kolbengeschwindigkeit ist durch eine Strecke $= 38,5$ mm dargestellt. Der Querschnitt des Rückschlagventils ist also nur $\dfrac{1}{3,5}$ tel desjenigen Querschnittes, den das Druckventil eines in normaler Weise arbeitenden Kompressors haben müßte.

Ohne die Anordnung des zweiten Rückschlagventils war dieses Verhältnis ein Drittel.

Außerdem wird der Querschnitt des Ventils jetzt noch dadurch verkleinert, daß die Kolbenfläche der Pumpe wegen des größeren volumetrischen Wirkungsgrades kleiner wird. Die volumetrischen Wirkungsgrade bei den Diagrammen Tafel III und V verhalten sich wie $70 : 84,4$ und wenn also der erforderliche Querschnitt des Rückschlagventils bei der nach dem Diagramm Tafel III arbeitenden Maschine zu 53 qcm berechnet wurde, so kommen wir hier bei Diagramm Tafel V mit einem Querschnitt $= 53 \cdot \dfrac{70}{84,4} \cdot \dfrac{3}{3,5} = 37,5$ qcm aus. Dementsprechend kann natürlich auch der Querschnitt des Aufnehmerrohres kleiner ausgeführt werden, wodurch die Wirksamkeit der Kühlung erhöht und die Vollkommenheit der Schichtung von Gas und Luft noch besser gewährleistet wird. In Fig. 33 ist dieser Querschnitt des Aufnehmers, wie er für die entworfene Maschine bei Anordnung eines zweiten Rückschlagventils ausreichen würde, dargestellt.

Bei geringeren Belastungen, also bei später beginnender Kompression nähert sich die Wirkungsweise immer mehr der in dem Diagramm Tafel III dargestellten, da dann schon vor Erreichung des Kompressionsenddruckes in der Pumpe Luft

vom Verdränger her in den Aufnehmer bei geöffnetem Rückschlagventil eintritt; doch ist es klar, daß hierdurch die Geschwindigkeit im Pumpenventil nicht über den vorher berech-
neten Wert hinaus steigen kann.

Die Vor- und Nachteile der beiden in den Diagrammen
Tafel III und V dargestellten Arbeitsweisen können erst richtig
gegeneinander abgewogen werden, wenn Versuchsresultate über
den Einfluß der Kühlung auf die Bemessung der Querschnitte
und über die zulässigen Geschwindigkeiten vorliegen.

Schlußbetrachtungen.

Ich glaube das Arbeitsverfahren einer Verbrennungsmaschine mit zwangläufig geregelter Verbrennung nach allen
Richtungen hin untersucht und zergliedert zu haben, und es
haben sich hierbei weder theoretische noch praktische Bedenken
irgend welcher Art ergeben. Besonders durch die eingehende
konstruktive Gestaltung können wir uns ein klares Bild von
der Maschine und ihrer Wirkungsweise machen, da wir jetzt
nicht darauf beschränkt sind, auf Grund schematischer Skizzen
und theoretischer Betrachtungen das Arbeitsverfahren zu beurteilen, sondern mit dem Blick des Ingenieurs die Maschine
betrachten können. Mag auch später hier und da noch eine
Änderung in der Anordnung und konstruktiven Gestaltung der
einzelnen Teile erfolgen, die einem anderen konstruktiven Ge-
schmack oder Bedürfnis Rechnung trägt, so sehen wir doch
auf jeden Fall, daß nicht die geringsten Konstruktionsschwierigkeiten der Durchführung des Arbeitsverfahrens im Wege stehen.
Die Querschnitte der charakteristischen Teile, Rückschlagventile,
Aufnehmer, Aufnehmerventil usw., fallen so außerordentlich
gering aus, besonders wenn wir eine wirksame Kühlung erreichen, daß wir auch mit der hier entworfenen Maschine noch
lange nicht an den Ausführungsgrenzen angekommen sind.
Wenn es gelingt, eine nahezu isothermische Kompression des
Gases in dem Aufnehmer zu erreichen, was bei dem kleinen
Querschnitt desselben wahrscheinlich gelingen wird, so würde
z. B. der in Fig. 27 dargestellte Verdränger mit den zugehörigen

Aufnehmer- und Ventilquerschnitten für eine Maschine von etwa 700 PS i. ausreichen, also bei Doppeltwirkung, die bei derartigen Leistungen selbstverständlich ist, für eine Maschine von 1400 PS i. Das hier dargestellte Verdrängervolumen ist aber noch lange nicht das Maximum, das überhaupt ausgeführt werden kann, und wir erkennen also, daß dieses Arbeitsverfahren bis zu den größten Leistungen in einem einzigen Arbeitszylinder selbst dann durchgeführt werden kann, wenn wir ein wärmeärmeres Gas, als hier angenommen wurde, also z. B. Hochofengas von 900 bis 1000 cal/cbm, zur Verwendung bringen wollen.

Wir haben hier nur die Durchführung des Arbeitsverfahrens bei gasförmigem Brennstoff betrachtet. Bei flüssigen Brennstoffen, bei deren Anwendung nur ganz geringe Mengen bei jedem Hub zu fördern sind, läßt es sich noch in wesentlich einfacherer Weise verwirklichen. Die grundlegenden Funktionen einer zwangläufigen Regelung der Verbrennung, das Einschieben des Brennstoffes in das Aufnehmerrohr und das Zurückschieben desselben in den Verbrennungsraum des Arbeitszylinders hinein, lassen sich hier mit Leichtigkeit bei ganz geringen Pumpen- Aufnehmer- und Verdrängerabmessungen durchführen, und es ist jetzt, nachdem die Brennstoffzuführung vollkommen geregelt ist, nicht schwierig mehr, auch die Zerstäubung bzw Verdampfung desselben sowie die Flamme selbst richtig durchzubilden, sodaß hier nicht wie beim Dieselmotor durch die Art der Verbrennung selbst eine Grenze bezüglich der Leistung der Maschine gezogen ist.

Es wurde eine einfach wirkende Maschine entworfen, da es ja bei diesem Entwurf hauptsächlich darauf ankam zu erkennen, ob nicht unüberwindliche Schwierigkeiten der Gestaltung der charakteristischen Einzelheiten entgegenstanden. Die Durchführung des Arbeitsverfahrens bei einer doppeltwirkenden Maschine verlangt nur eine etwas andere Anordnung dieser Einzelheiten; prinzipielle Schwierigkeiten sind dabei nicht vorhanden, da sich die Konstruktion des Arbeitszylinders an vorhandene Konstruktionen anlehnen kann. Ebenso ist die konstruktive Gestaltung einer liegenden Maschine jetzt nicht mehr schwierig, nachdem wir aus vorliegendem Entwurf die Durchführung der Einzelheiten kennen gelernt haben.

Zum Schluß wollen wir noch einmal die Vorzüge, die sich aus einer zwangläufigen Regelung der Verbrennung und der dadurch ermöglichten Verbrennung in einem möglichst wärmedichten Raume gegenüber der Explosionsmaschine ergeben, kurz zusammenfassen. Dieselben sind:

1. **Vollkommene Beherrschung aller auftretenden Kräfte.** Keine Frühzündungen, Spätzündungen oder sonstige Unregelmäßigkeiten in der Verbrennung. Daher absolut sicheres und richtiges Konstruieren ohne übermäßige Materialverschwendung, sowie vollkommen gleichmäßiger Gang der Maschine.

2. **Keine plötzlichen Spannungsänderungen,** daher weicher, ruhiger Gang der Maschine und größte Dauerhaftigkeit der Lager. Bei der einfach wirkenden Maschine läßt es sich leicht erreichen, daß die Massendrucklinie stets unterhalb der Kompressionslinie bleibt, sodaß also hier ein Druckwechsel in den Lagern des Getriebes überhaupt nicht stattfindet und daher ein Klopfen derselben selbst bei ausgelaufenen Lagern ausgeschlossen ist.

3. **Vorzügliche Präzisionsregulierung.** Der Regulator beherrscht die Verbrennung unter vollständigem Ausschluß irgend welcher Zufallserscheinungen. Bei allen Belastungen findet die Verbrennung unter genau den gleichen Bedingungen statt, daher bei allen Belastungen vollkommene und sichere Verbrennung.

4. **Absolut sichere Zündung,** da ein Versagen des äußerst einfachen und von jedem Maschinisten leicht zu übersehenden Zündverfahrens nicht zu befürchten ist.

5. **Geringster Kühlwasserbedarf** infolge der Auskleidung des Verbrennungsraumes.

6. **Keine Kühlung irgend welcher bewegten Teile.**

Außer diesen praktischen Vorteilen ist es aber vor allem die höhere Wärmeausnutzung, die zugunsten dieser Verbrennungsmaschine mit zwangläufig geregelter Verbrennung spricht.

Wie groß allerdings die Wärmeausnutzung der entworfenen Maschine tatsächlich sein wird, läßt sich genügend sicher nicht vorherbestimmen und es ist deshalb auch zwecklos, hierüber Berechnungen anzustellen. Wohl aber können wir als sicher annehmen, daß die Wärmeausnutzung erheblich besser sein wird als bei der Explosionsmaschine, denn:

1. Das Idealdiagramm gibt einen höheren thermischen Wirkungsgrad als dasjenige der Explosionsmaschine und der Dieselmotor, in dem das Gleichdruckdiagramm ebenfalls angewandt wird, hat auch von allen bisherigen Wärmekraftmaschinen die beste Wärmeausnutzung ergeben.

2. Die Verbrennung kann wesentlich vollkommener gemacht werden als bei der ungeregelten Entflammung. Vor allem ist die Verbrennung immer gleichmäßig und die Vollkommenheit derselben unabhängig von der Bedienung der Maschine. Es ist infolge dessen gänzlich ausgeschlossen, daß die Wärmeausnutzung während des Betriebes schlechter wird, wie es bei Explosionsmaschinen infolge einer unrichtigen Stellung der Zündung oder der Drosselvorrichtungen der Fall sein kann. Vor allem wird auch die Wärmeausnutzung bei Abnahme der Belastung nicht so stark abnehmen wie bei Explosionsmaschinen, weil einerseits der thermische Wirkungsgrad des Idealdiagramms sogar steigt und andererseits die Verbrennung bis zum Leerlauf herab unter stets gleichen Bedingungen und daher mit der gleichen Vollkommenheit und Sicherheit verläuft.

3. Die Wärmeverluste, die durch Wärmeübergang an die Wandung entstehen, können durch innere Auskleidung des Verbrennungsraumes mit einem wärmedichten Material und eine damit zusammenhängende Erhöhung der mittleren Wandungstemperatur vermindert werden.

Mit der Dampfmaschine bzw. Dampfturbine verglichen ist die Überlegenheit der entworfenen Maschine in der Wärmeausnutzung natürlich noch viel bedeutender und diese Überlegenheit kann in dem Wettbewerb mit diesen Maschinen auch jetzt voll zur Geltung kommen, da eine Verbrennungsmaschine mit zwangläufig geregelter Verbrennung die an eine Großkraftmaschine gestellten Anforderungen ebenso vollkommen erfüllt, wie die Dampfmaschine. Die Regulierfähigkeit sowie die Anpassungsfähigkeit an kleinere Belastungen ist ebenso gut wie bei dieser und auch die Betriebssicherheit ist auf keinen Fall kleiner als diejenige der Dampfmaschine. Die Anzahl der bewegten Teile ist nicht größer und durch die richtige Leitung der Verbrennung ist auch eine sichere Beherrschung der höch-

sten Temperaturen gewährleistet. Vor allem sind die Zufallserscheinungen, diese Hauptquelle der Betriebsstörungen bei
den bisherigen Verbrennungsmaschinen, vollständig verhütet.
Es können keine regellos auftretenden, nicht mehr beherrschten
Kräfte entstehen, die die ganze Maschine gefährden, es können
keinerlei Zufälligkeiten mehr den normalen Gang derselben beeinträchtigen, nein, jede Funktion, jede Kraftwirkung kann nur
genau in der Weise erfolgen, wie sie auch erfolgen soll, und
so wird die Verbrennungsmaschine erst zu einer Präzisions-
maschine, die allen an sie zu stellenden Anforderungen genügen
dürfte, wenn wir den hier vorgezeichneten Weg gehen, wenn
wir sie ausgestalten mit einer systematisch durchgebildeten,
zwangläufig geregelten Verbrennung.

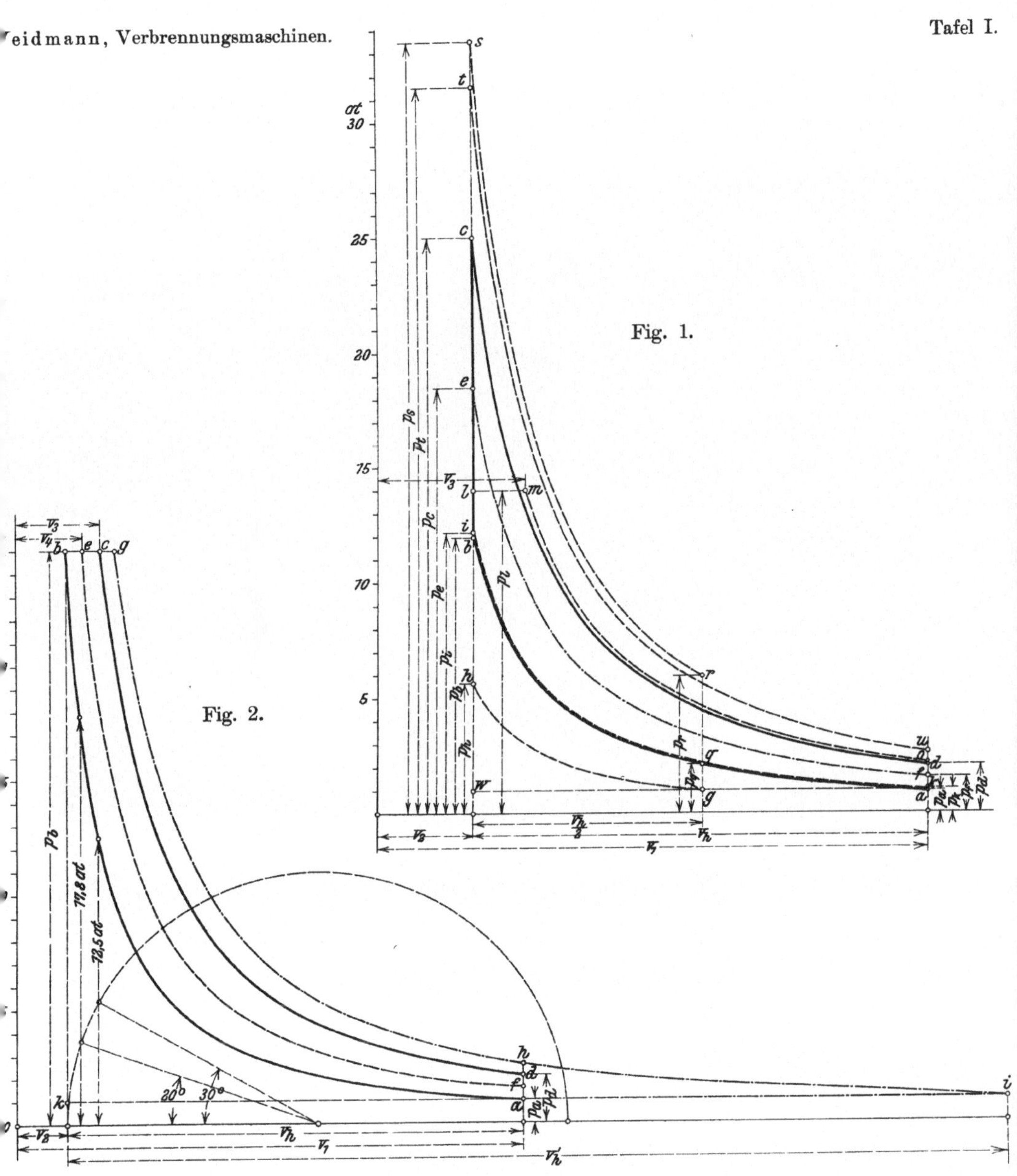

Fig. 1.
Fig. 2.

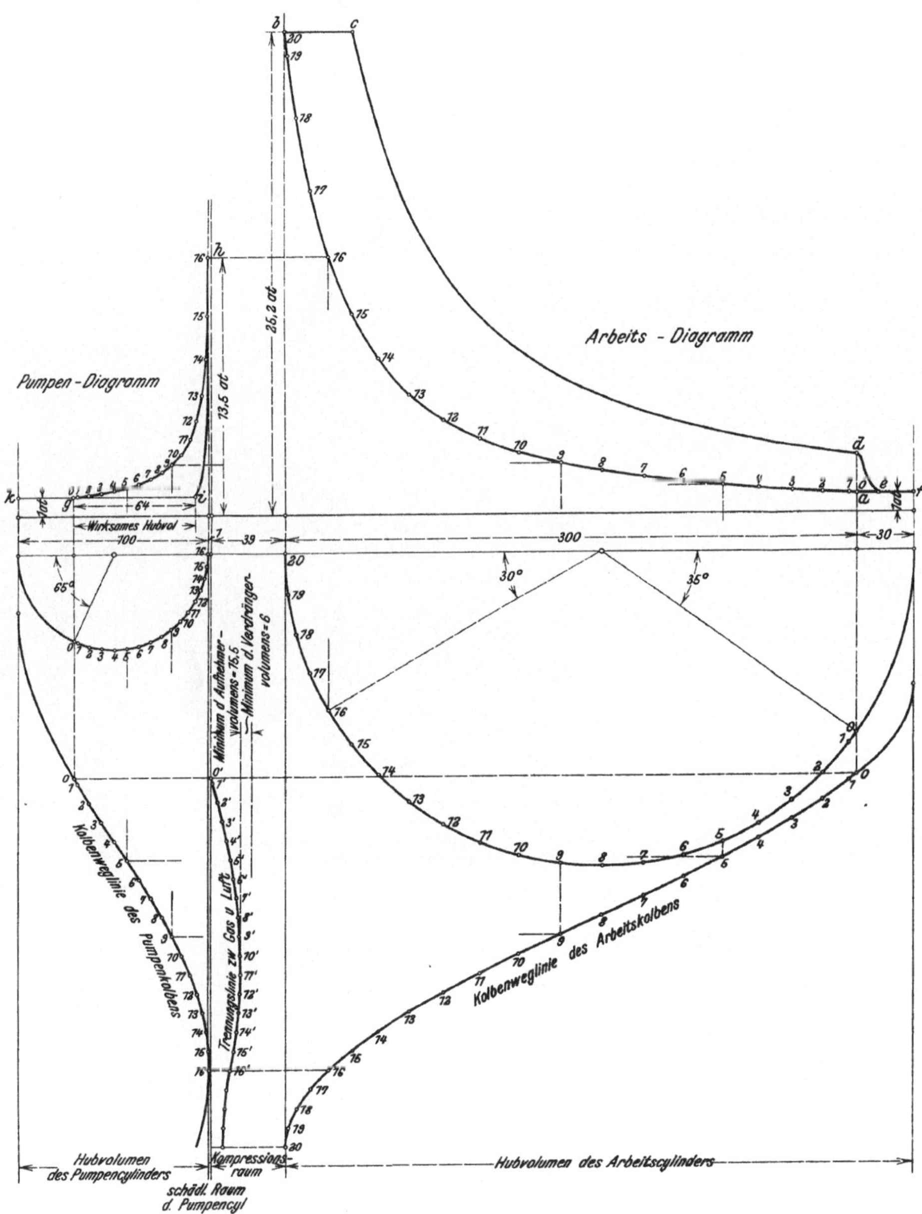

Verlag von Julius Springer in Berlin.

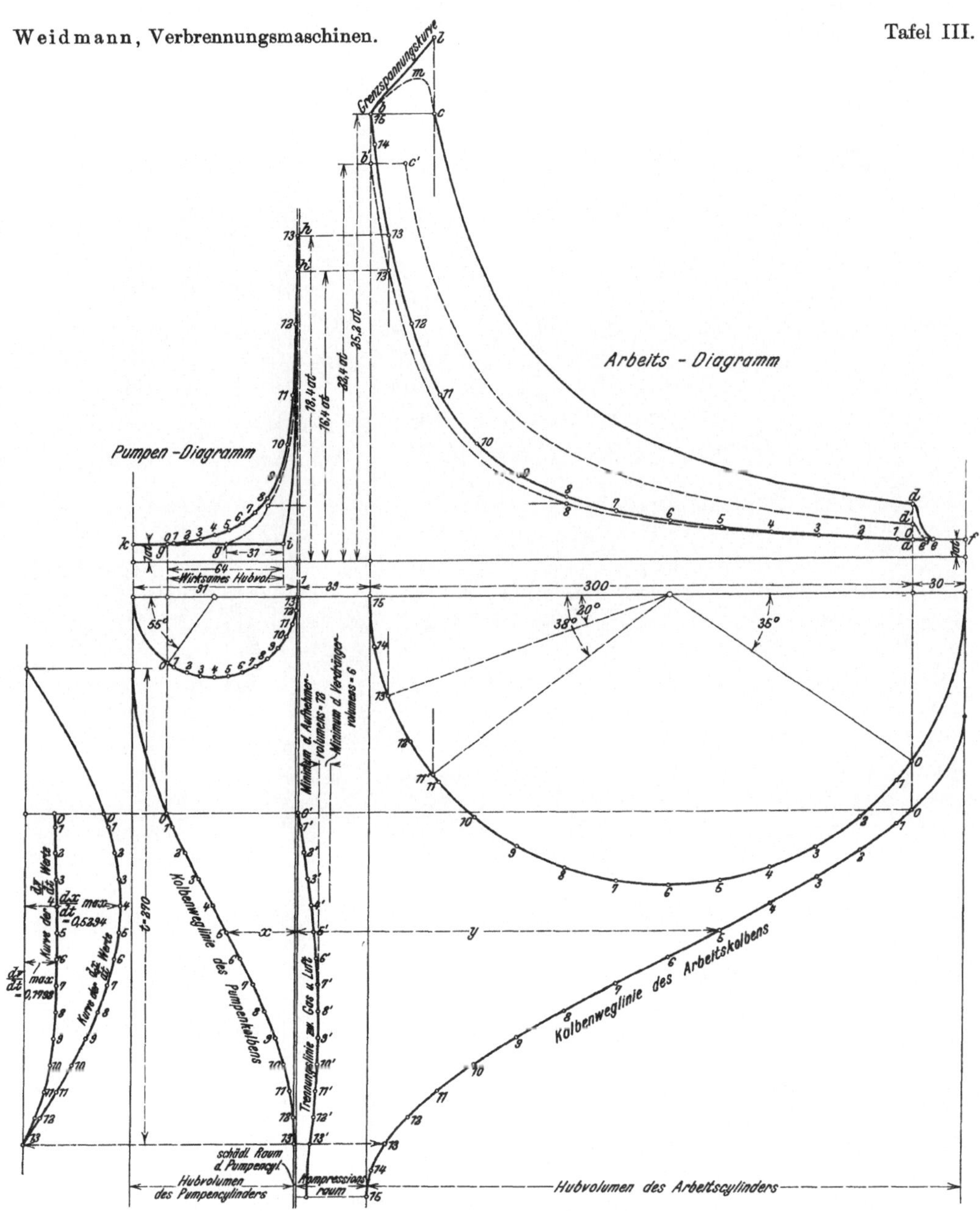
Grenzspannungskurve
Arbeits - Diagramm
Pumpen - Diagramm
Wirksames Hubvol.
Minimum d. Aufnehmervolumens = 78
Minimum d. Verdrängervolumens = 6
Kolbenweglinie des Pumpenkolbens
Kolbenweglinie des Arbeitskolbens
Trennungslinie zw. Gas u. Luft
Kurve der dx/dt Werte
dx/dt max. = 0,5394
Kurve der dx/dt Werte
dx/dt max. = 0,7988
schädl. Raum d. Pumpencyl.
Hubvolumen des Pumpencylinders
Kompressionsraum
Hubvolumen des Arbeitscylinders
20°
38°
35°
55°
37
64
31
39
300
30

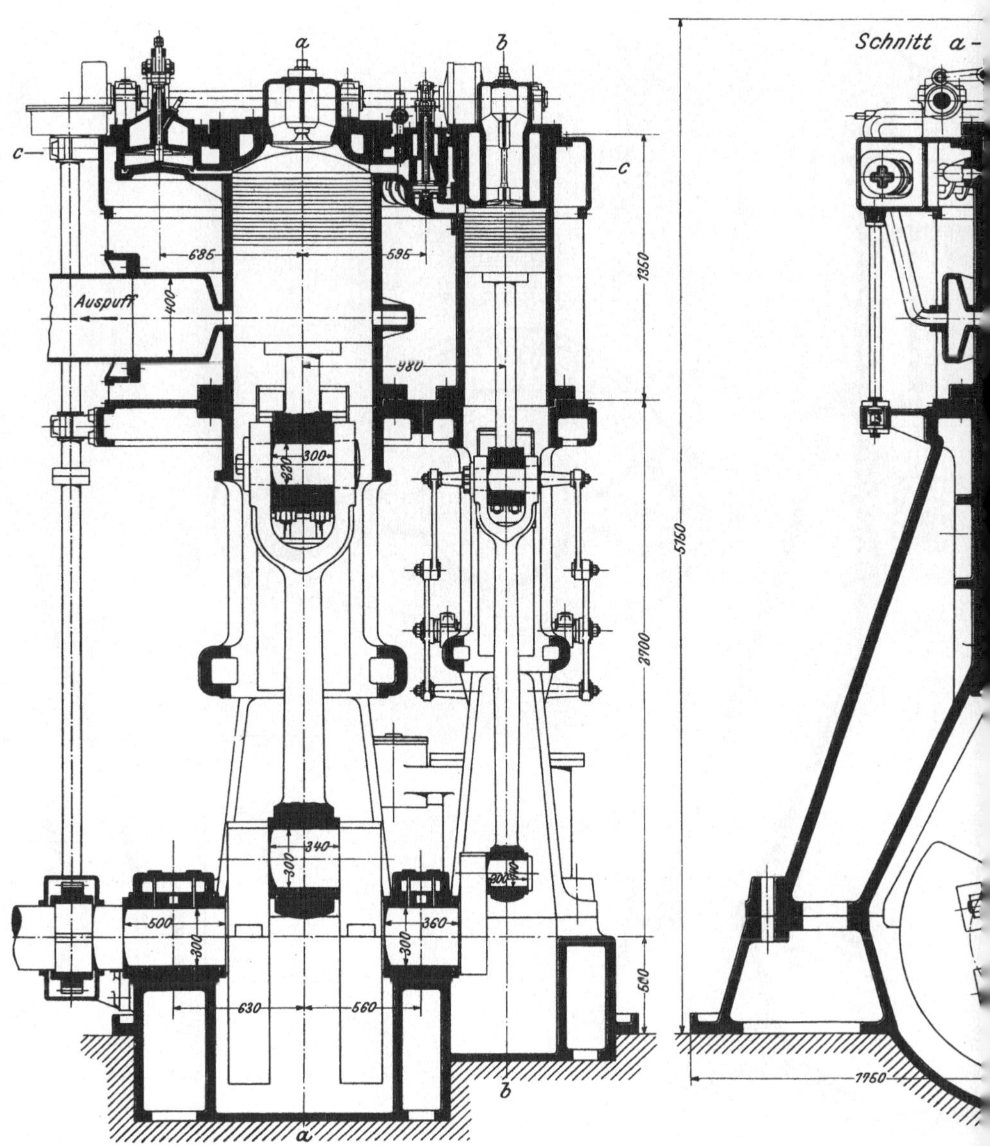
Verbrennungsmasc
Schnitt a-
a
b
c
c
685
595
Auspuff
400
1350
980
300
5150
2700
340
500
360
300
300
630
560
600
a
b
7950

Entwurf einer

...hine mit zwangläufig geregelter Verbrennung.

...eistung: 350 PS$_i$, bei 120 Umdr./min.

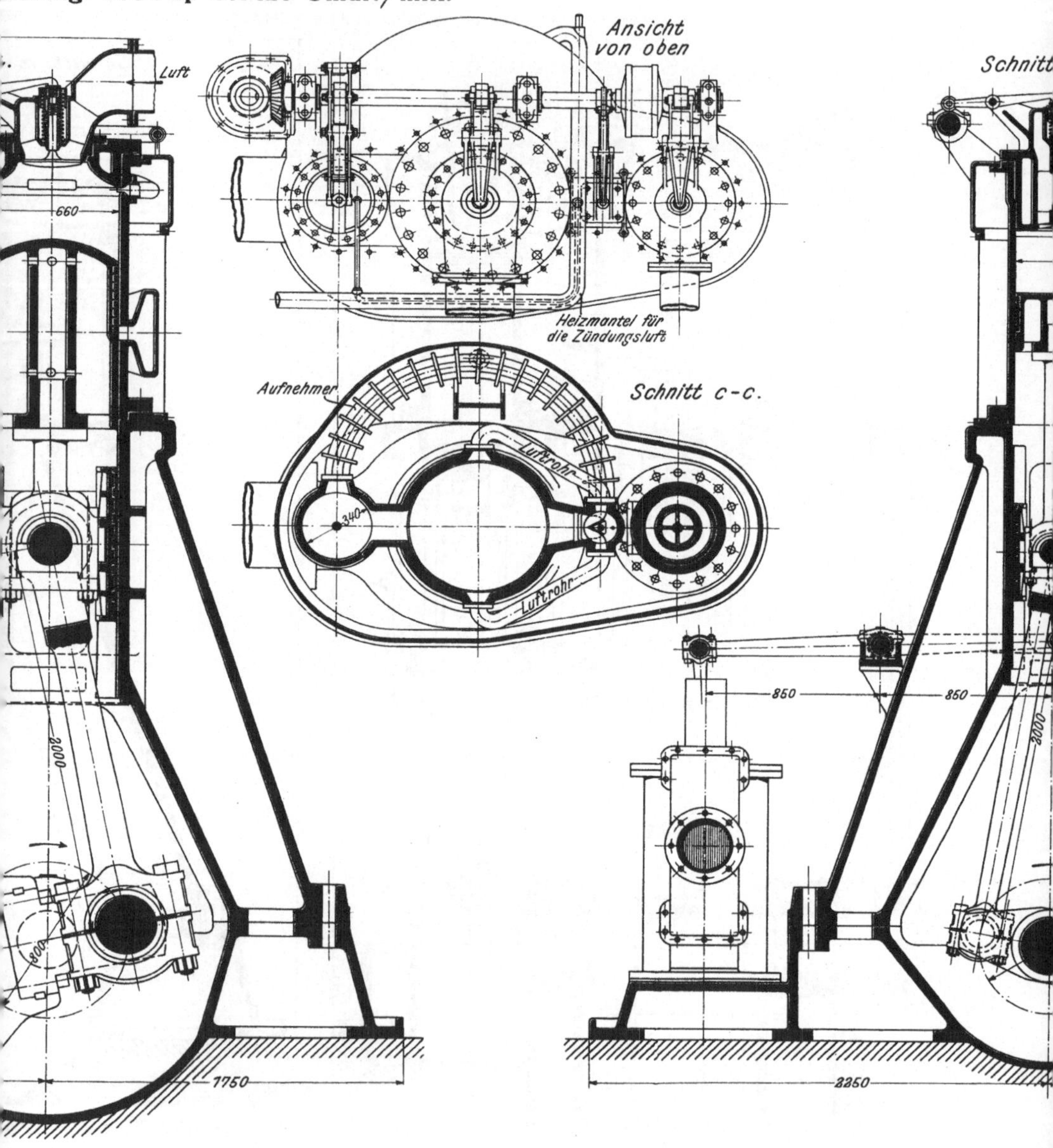

Verlag von Julius Springer in Berlin.

b.
Gas
1550

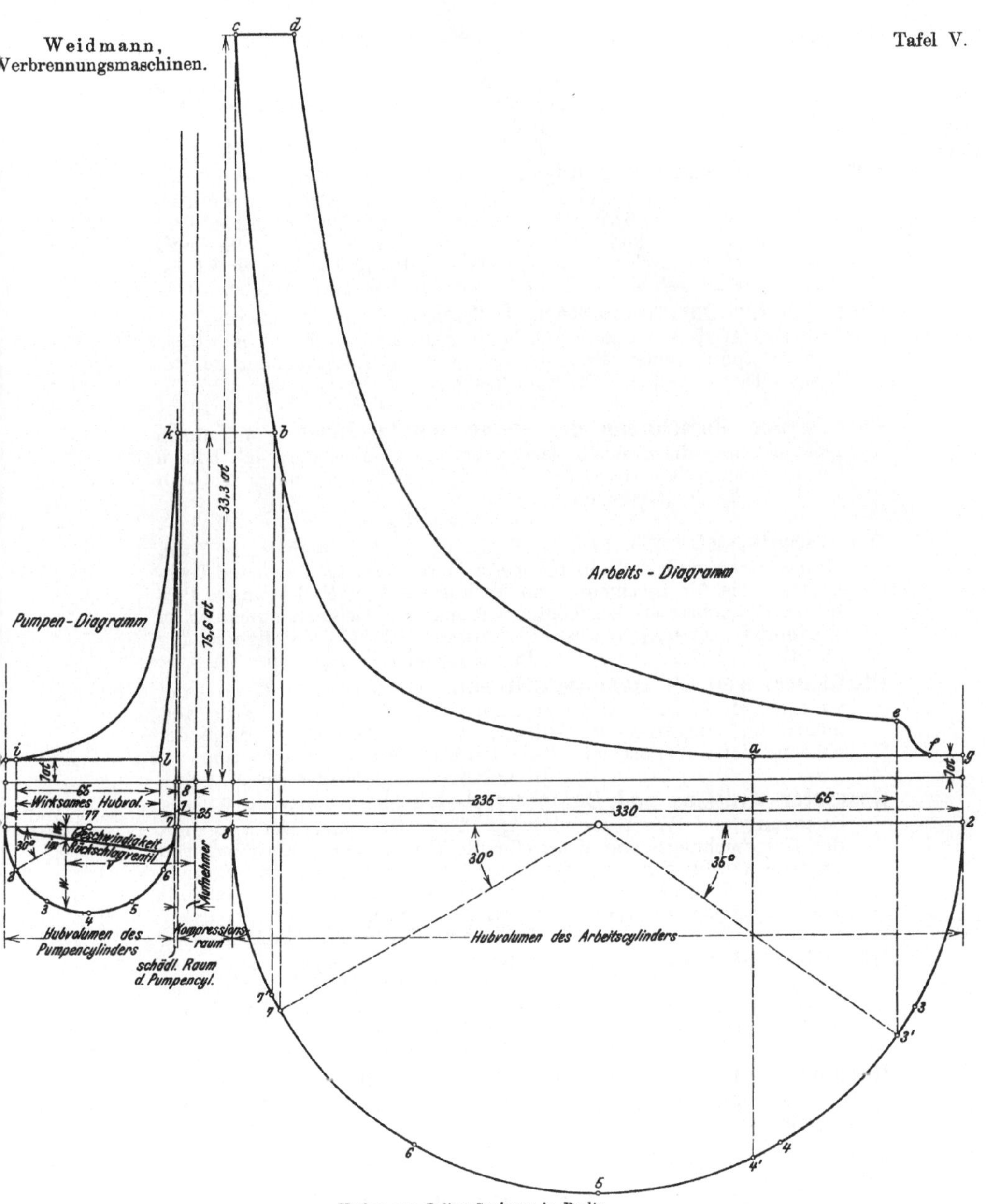

Verlag von Julius Springer in Berlin.

Das Entwerfen und Berechnen der Verbrennungsmotoren. Handbuch für Konstrukteure und Erbauer von Gas- und Ölkraftmaschinen. Von Hugo Güldner, Oberingenieur, Direktor der Güldner-Motoren-Gesellschaft in München. Zweite bedeutend erweiterte Auflage. Mit 800 Textfiguren und 30 Konstruktionstafeln.

In Leinwand gebunden Preis M. 24.—.

Lüftungs- und Heizungs-Anlagen. Leitfaden zum Berechnen und Entwerfen. Auf Anregung seiner Exzellenz des Herrn Ministers der öffentlichen Arbeiten verfaßt von H. Rietschel, Geh. Regierungsrat, Professor an der Kgl. Techn. Hochschule zu Berlin. Dritte, vollständig neu bearbeitete Auflage. Zwei Teile. — Mit 72 Textfiguren, 21 Tabellen und 28 Tafeln. In zwei Leinwandbände geb. Preis M. 20,—.

Hilfsbuch für Dampfmaschinen-Techniker. Unter Mitwirkung von Professor A. Kás verfaßt und herausgegeben von Josef Hrabák, k. u. k. Hofrat, emer. Professor an der k. k. Bergakademie zu Přibram. Dritte Auflage. In zwei Teilen. Mit Textfiguren.

In Leinwand gebunden Preis M. 16,—.

Theorie und Berechnung der Heißdampfmaschinen. Mit einem Anhange über die Zweizylinder-Kondensations-Maschinen mit hohem Dampfdruck. Von Josef Hrabák, k. u. k. Hofrat, emer. Professor an der k. k. Bergakademie zu Přibram.

In Leinwand gebunden Preis M. 7,—.

Die Dampfkessel. Ein Lehr- und Handbuch für Studierende Technischer Hochschulen, Schüler Höherer Maschinenbauschulen und Techniken, sowie für Ingenieure und Techniker. Von F. Tetzner, Professor, Oberlehrer an den Königl. vereinigten Maschinenbauschulen zu Dortmund. Zweite, verbesserte Auflage. Mit 134 Textfiguren und 38 lithogr. Tafeln. In Leinwand gebunden Preis M. 8,—.

Die Steuerungen der Dampfmaschinen. Von Carl Leist, Professor an der Kgl. Technischen Hochschule zu Berlin. Zweite, sehr vermehrte und umgearbeitete Auflage, zugleich als fünfte Auflage des gleichnamigen Werkes von Emil Blaha. Mit 553 Textfiguren.

In Leinwand gebunden Preis M. 20,—.

Generator-Kraftgas und Dampfkessel-Betrieb in bezug auf Wärmeerzeugung und Wärmeverwendung. Eine Darstellung der Vorgänge, der Untersuchungs- und Kontrollmethoden bei der Umformung von Brennstoffen für den Generator-Kraftgas- und Dampfkessel-Betrieb. Von Paul Fuchs, Ingenieur. Zweite Auflage von „Die Kontrolle des Dampfkesselbetriebes". Mit 42 Textfiguren.

In Leinwand gebunden Preis M. 5,—.

Dampfkessel-Feuerungen zur Erzielung einer möglichst rauchfreien Verbrennung. Im Auftrage des Vereines deutscher Ingenieure bearbeitet von F. Haier, Ingenieur in Stuttgart. Mit 301 Figuren im Text und auf 22 lithographierten Tafeln.

In Leinwand gebunden Preis M. 14,—.

Geschichte der Dampfmaschine. Ihre kulturelle Bedeutung, technische Entwickelung und ihre großen Männer. Von Konrad Matschoß, Ingenieur. Mit 188 Textfiguren, 2 Tafeln und 5 Bildnissen.

In Leinwand geb. Preis M. 10,—.

Zu beziehen durch jede Buchhandlung.